量子力学
基础教程

主　编　王　波
副主编　金　叶　张喜花

重庆大学出版社

内容提要

本书是根据量子力学课程教学要求而编写的教材,在着重介绍量子力学的基本思想和基本方法的同时,强调了内容的简洁性与一致性。全书分为 3 个部分,共 8 章。第 1 部分介绍量子力学中常用的数学知识,包括矢量、算符及正交变换;第 2 部分介绍量子力学的基本假设、思想及相关物理背景;第 3 部分则讨论量子力学基本原理在一些典型问题上的应用及发展,包括薛定谔方程、近似方法、自旋及全同性。

本书可作为非理论物理专业类的本科生教材,也可供数学类、电子类、计算机类等其他专业师生了解量子力学使用。

图书在版编目(CIP)数据

量子力学基础教程 / 王波主编. -- 重庆:重庆大
学出版社,2020.8
　　ISBN 978-7-5689-2176-3

　　Ⅰ.①量… Ⅱ.①王… Ⅲ.①量子力学—教材 Ⅳ.
①O413.1

中国版本图书馆 CIP 数据核字(2020)第 099424 号

量子力学基础教程

主　编　王　波
副主编　金　叶　张喜花
策划编辑:杨粮菊

责任编辑:谢　芳　　版式设计:杨粮菊
责任校对:刘志刚　　责任印制:张　策

*

重庆大学出版社出版发行
出版人:饶帮华
社址:重庆市沙坪坝区大学城西路 21 号
邮编:401331
电话:(023)88617190　88617185(中小学)
传真:(023)88617186　88617166
网址:http://www.cqup.com.cn
邮箱:fxk@cqup.com.cn(营销中心)
全国新华书店经销
重庆芸文印务有限公司印刷

*

开本:787mm×1092mm　1/16　印张:8.25　字数:209 千
2020 年 8 月第 1 版　　2020 年 8 月第 1 次印刷
印数:1—1 000
ISBN 978-7-5689-2176-3　定价:39.00 元

前　言

作为物理学基础理论支柱之一的量子力学,在很多科学技术领域得到了非常广泛的应用,其思想、观念与方法对人类社会的影响是深远的,而且这种影响还在与日俱增。对于物理类专业的学生,量子力学是必修课程;而对于非物理类专业的学生,了解量子力学的基本思想与理论是帮助他们提高科学素养、开阔人生视野的重要途径。

量子力学发展到现在已经成了一门体系严密、内容宏大,甚至可以说包罗万象的学科,因此任何一本书都不可能照顾到量子力学的方方面面,必然有所取舍与侧重,尤其对于一部教材来说更是如此。虽然已经有众多优秀且经典的量子力学专著与教材,但在学时、内容或叙述风格等方面不一定适合自己的教学任务。编写本书的主要目的是在保留量子力学基本原理与思想的前提下,尽量简化,突出重点,并使前后叙述简明扼要、逻辑清晰。为了使学生易于理解,特意增加了线性矢量空间的相关内容,并将其与算符、表象变换合在一起作为数学预备知识,同时删除了部分较难或较常见的内容,如经典物理学和早期量子论的回顾、角动量的耦合及粒子的散射,也没有涉及量子力学的一些前沿问题,如量子计算、波函数相位等。全书以态矢量、算符和力学量为核心概念,以量子力学五大公设为叙述起点,兼顾数学计算技巧与物理解释,以保证整体风格的简明性与统一性,同时力求浅显易懂。另外,书中也采用了许多常见的典型习题作为例题,以帮助学生掌握必要的计算技巧。

本书在编写过程中不可避免地参考了目前国内外一些流行的优秀书籍,在此谨表敬意,特别是周世勋的《量子力学教程》、苏汝铿的《量子力学》、H. Clark 的《量子力学入门教程》以及 R. Shankar 的《量子力学原理》。其他一些参考书目列于书后的参考文献之中,此处就不一一列举了。

全书由王波主编,金叶、张喜花协助校对编写完成。由于时间及作者水平所限,书中难免会有不妥或错误之处,恳请读者批评指正。

本书出版受到重庆理工大学理学院重庆市数学重点学科建设经费以及重庆理工大学教务处专业核心课程建设经费资助。特此感谢!

编　者

2020 年 2 月

目录

第 **1** 章
绪　论

1.1　三个问题

（1）什么是量子力学？

量子力学是描述微观粒子运动方式及其规律的科学,而宏观物质的运动本质上取决于粒子的微观特性及组成方式。

（2）量子力学能干什么？

量子力学相关领域是当今科学研究前沿,是进行物理类研究所需的基础理论之一,在计算机、材料、通信、化学等领域有广泛而深入的应用;同时,它也是理解宇宙之所以呈现为现在这种状态所必需的知识,因此量子力学在宏观科学,如宇宙学、航空航天、地球物理等学科中也是不可或缺的基本理论;另外,对时间和空间构成的理解也离不开量子力学。

对于物理类专业的学生来说,量子力学是学习很多后续课程,如固体物理、光电子学、微电子学、半导体器件、激光原理、光谱技术等所需的基础课。

（3）如何学好量子力学？

要想学好量子力学,首先要具备一定的数学及物理学基础知识,如高等数学、线性代数、数学物理方法、普通物理学、理论力学、电动力学等,但最关键的是要有勇于探索、不断进取的积极态度。在量子力学课程的学习中切记:没有捷径,不可能不劳而获;注重基本思想、逻辑推理方法;仔细领悟课程中的一些基本思想与假设。

1.2　量子力学发展简要历程

17、18 世纪,以牛顿、伽利略、麦克斯韦等科学家为代表创立的经典物理学逐渐发展、丰富和完善,并于 19 世纪达到顶峰。

1899 年元旦,欧洲著名科学家欢聚一堂,汤姆生发表新年祝词,总结了经典物理学所取得的巨大成就,但同时也指出了困扰物理学界的"二朵乌云"。这二朵乌云分别指与电磁波理论相关的以太假说和与黑体辐射相联系的"紫外灾难"。其实当时的经典物理学不能解释的现象还包括原子的稳定性问题(包括电子的发现)、X 射线、原子的放射性、光电效应、线状光谱等。

1900 年普朗克提出了能量量子假说,解决了黑体辐射问题。

1905 年爱因期坦提出了光量子,解决了光电效应问题。

1913 年玻尔建立了原子的玻尔模型,解释了线状光谱。

1923 年德布罗意提出了物质波概念,由此引入波粒二象性。

1926 年薛定谔提出了波动方程,并由玻恩提出概率解释。

1932 年海森柏建立矩阵力学并提出不确定性原理,狄拉克引入狄拉克符号,使量子力学逐步完善。至此,早期量子力学的框架大致建立起来了。

1933 年后是量子场论的发展时期,相对论与量子力学相结合推进了统一场论的发展。

习　题

1.1　普朗克是如何成功地解决黑体辐射问题的? 试简要说明其基本思想。

1.2　爱因斯坦是如何解释光电效应的?

1.3　玻尔提出的氢原子模型取得了哪些成功? 还存在什么不足?

1.4　你认为经典物理学当时还存在什么其他的困难? 试举 1~2 例说明。

第2章
线性矢量空间基础知识

2.1 矢量/向量

先回顾一下一维矢量的情形。

所有互相平行,可位于一个坐标轴上的矢量称为一维矢量,如图 2.1 中所有位于 x 轴上的矢量 $\vec{r}$。矢量的大小称为模,记为 $|\vec{r}|$。引入单位矢量 e_r 表示沿 $\vec{r}$ 方向但大小为一个单位的矢量。矢量 $\vec{r}$ 可表示为 $\vec{r} = |\vec{r}|e_r$。

将任意的一维矢量 $\vec{r}$ 的起点置于坐标原点 O 处,其终点坐标值为 x,则其长度为 $|x|$。若 $\vec{r}$ 与轴方向一致,则有 $\vec{r} = |x|e_x$;若 $\vec{r}$ 与轴反向,则有 $\vec{r} = -|x|e_x$。两种情况可统一表示为 $\vec{r} = xe_x$。如 $2.5e_x$,$0.3e_x$ 或 $-10e_x$。

图 2.1 一维矢量与坐标轴

显然,在坐标轴给定的条件下,任意一维矢量可用一个实数来表示,如矢量 $0.3e_x$ 可简单对应于 0.3。

类似地,可讨论二维矢量。

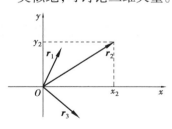

图 2.2 二维坐标系与二维矢量

可位于同一平面坐标系内的矢量称为二维矢量,如图 2.2 所示的 $\vec{r}_1$,$\vec{r}_2$ 和 $\vec{r}_3$。

将矢量 $\vec{r}_2$ 的起点平移至坐标原点 O,其终点在 x,y 轴上的投影值为 x_2,y_2,则矢量 $\vec{r}_2$ 可表示为 $\vec{r}_2 = x_2e_x + y_2e_y$。显然,二维矢量与一个二维数组对应,所以又可记为 $\vec{r}_2 = (x_2, y_2)$。

矢量 $\vec{r}_2$ 的模由直角三角形可知

$$|\vec{r}_2| = \sqrt{x_2^2 + y_2^2}$$

其与 x 轴的夹角

$$\theta = \arctan\frac{y}{x}$$

注意:①单位矢量 e_x 和 e_y 能表示出所有位于 x-y 坐标面内的任一矢量。由于平面内的任一矢量有两个独立变量,所以称为二维矢量。

②e_x 和 e_y 可以是不相互垂直的,但要求不互相平行,即线性无关。

以上情形可以很容易地推广至三维或更多维,如三维矢量 $\vec{r} = xe_x + ye_y + ze_z = (x,y,z)$;$n$ 维矢量 $\vec{r}_n = x_1 e_1 + x_2 e_2 + \cdots + x_n e_n = (x_1, x_2, \cdots, x_n)$。

2.2 线性矢量空间的定义

设 $\vec{r}_1, \vec{r}_2, \vec{r}$ 为任意的 n 维矢量,α, β 为任意非零数。如果满足以下性质:

①$\vec{r}_1 + \vec{r}_2$ 仍是 n 维矢量;

②存在一个矢量 $\vec{R}$,使 $\vec{r} + \vec{R} = \vec{r}$,称矢量 $\vec{R}$ 为 0 矢量,以后就简单地用 0 来表示;

③对任意一个矢量 $\vec{r}$,存在一个矢量 $\vec{r}_1$,使 $\vec{r} + \vec{r}_1 = 0$,则称 $\vec{r}_1$ 为 $\vec{r}$ 的逆矢量,表示为 $\vec{r}_1 = -\vec{r}$;

④$\alpha \vec{r}$ 仍为 n 维矢量,且 $\alpha \vec{r}$ 与 $\vec{r}$ 共线;

⑤$(\alpha\beta)\vec{r} = \alpha(\beta\vec{r}) = \beta(\alpha\vec{r})$(数乘结合律);

⑥$1 \times \vec{r} = \vec{r}$(数 1 性质);

⑦$\vec{r}_1 + \vec{r}_2 = \vec{r}_2 + \vec{r}_1, \vec{r}_1 + (\vec{r}_2 + \vec{r}_3) = (\vec{r}_1 + \vec{r}_2) + \vec{r}_3$(加法交换律和加法结合律);

⑧$\alpha(\vec{r}_1 + \vec{r}_2) = \alpha\vec{r}_1 + \alpha\vec{r}_2$,且 $(\alpha + \beta)\vec{r} = \alpha\vec{r} + \beta\vec{r}$(结合律);

则称所有满足上述 8 个性质的 n 维矢量的集合构成一个 n 维线性矢量空间。

注意:①矢量空间包含的不一定是真实的"矢量"。

②一个 n 维线性矢量空间集合中的矢量不一定都是 n 维的,矢量本身维数可以少于 n,但不能多于 n,如三维空间可以包括所有二维空间的矢量。

③上述定义虽然是利用矢量来引入的,但可以推广至其他非矢量构成的线性空间,只要能满足上述 8 个性质就行。

④为了方便,以后仍采用矢量名称(有时也称为向量空间)。

[**例2.1**] 所有二维方阵的集合构成一个四维矢量空间。

[**例2.2**] 所有列阵 $\begin{bmatrix} a \\ b \\ c \end{bmatrix}$ 的集合构成一个三维矢量空间。若 a, b, c 均为实数,则称为三维实数矢量空间;若 a, b, c 为复数,则称为三维复矢量空间。

[**例2.3**] 一个平面内的所有矢量构成一个二维矢量空间。

[**例2.4**] 定义在 $[0, l]$ 上的所有实函数 $f(x)$ 构成一个无穷维矢量空间。

2.3 矢量空间中矢量的表示

为与一般矢量表示相区别,引入狄拉克符号,用 $|r\rangle$ 表示矢量空间中的某一元素,称为右矢;$|\cdot\rangle$ 中的"$\cdot$"常常用表示相应物理量的字符来表示,如 $\vec{r}$ 可表示为 $|\vec{r}\rangle$,或简记为 $|r\rangle$;e_x

可表示为 $|e_x>$。这是一个抽象的表示,可以指矢量,也可以指以矩阵或函数为集合构成的线性空间中的元素。

[例 2.5]　$\alpha \vec{r}$ 表示为 $\alpha|r>$

[例 2.6]　若将矩阵 $R = \begin{bmatrix} 1 & 2 \\ i & 1 \end{bmatrix}$ 看成四维复数空间中的一个矢量,则可表示为 $|R>$。

2.4　矢量空间的维数

在定义空间维数之前先说明一个常用的概念,就是线性无关。线性无关定义如下:

设有 n 个矢量 $|i>$,$i = 1,2,\cdots,n$。若 $\sum_{i=1}^{n} a_i|i> = 0$ 当且仅当 $a_i = 0$ 时成立,则称这 n 个矢量 $|i>$ 线性无关。

空间维数定义为矢量空间中所包含的最大线性无关矢量的个数。

例如,三维实数矢量空间的最大线性无关矢量的个数为 3。由所有 3×2 矩阵构成的线性空间维数为 6。

定理 1:n 维空间中的任一矢量可表示为 n 个线性无关矢量的代数和。

例如,若 $\vec{r}_1,\vec{r}_2,\vec{r}_3$ 是三维空间中的 3 个线性无关矢量,则任一个三维矢量 $\vec{r}$ 可表示为 $\vec{r} = a\vec{r}_1 + b\vec{r}_2 + c\vec{r}_3$。

又如,4 个 2×2 矩阵 $\begin{bmatrix} 1 & 0 \\ 0 & 0 \end{bmatrix}$、$\begin{bmatrix} 0 & 1 \\ 0 & 0 \end{bmatrix}$、$\begin{bmatrix} 0 & 0 \\ 1 & 0 \end{bmatrix}$、$\begin{bmatrix} 0 & 0 \\ 0 & 1 \end{bmatrix}$ 线性无关,则对于任意一个 2×2 矩阵 $\begin{bmatrix} a & b \\ c & d \end{bmatrix} = a\begin{bmatrix} 1 & 0 \\ 0 & 0 \end{bmatrix} + b\begin{bmatrix} 0 & 1 \\ 0 & 0 \end{bmatrix} + c\begin{bmatrix} 0 & 0 \\ 1 & 0 \end{bmatrix} + d\begin{bmatrix} 0 & 0 \\ 0 & 1 \end{bmatrix}$。

矢量空间的维数可以推广至无限,空间的元素也可以是含变量的函数,只要满足前述矢量空间的定义即可。例如,函数系列 1、$\cos\frac{n\pi}{l}x$、$\sin\frac{n\pi}{l}x$($n = 1,2,3,\cdots$)是定义在 $[0,2l]$ 上无穷维空间中的一组线性无关矢量,则任一实函数 $f(x) = a_0 + \sum_{n=1}^{\infty}\left(a_n\cos\frac{n\pi}{l}x + b_n\sin\frac{n\pi}{l}x\right)$,即傅里叶级数展开式。

2.5　n 维空间的基

n 维空间中由任意 n 个线性无关矢量组成的一组矢量称为该空间的一组基。显然,一组基由 n 个线性无关矢量组成,因此可用于展开此空间中的任意一个矢量。

设 n 维空间中的一组基为 $|e_i>$,则对于任一 n 维矢量 $|u>$ 有

$$|u> = \sum_{i=1}^{n} u_i|e_i> \tag{2.1}$$

其中 u_i 称为矢量 $|u>$ 在以 $|e_i>$ 为基的 n 维空间中的展开系数。

此情形可以推广至无穷维空间,如傅里叶级数展开式

$$f(x) = a_0 + \sum_{n=1}^{\infty} \left(a_n \cos \frac{n\pi}{l}x + b_n \sin \frac{n\pi}{l}x \right)$$

式中,a_0,a_n,b_n 为 $f(x)$ 的展开系数,基函数系列为 $1,\cos \frac{n\pi}{l}x,\sin \frac{n\pi}{l}x$。

或如傅里叶积分变换形式

$$f(x) = \frac{1}{\sqrt{2\pi}} \int_{-\infty}^{\infty} F(\omega) e^{i\omega x} d\omega$$

其中 $e^{i\omega x}$ 可以理解为无穷维复数空间的一组基,展开系数为 $F(\omega)$,表示为

$$f(\omega) = \frac{1}{\sqrt{2\pi}} \int_{-\infty}^{\infty} F(x) \left[e^{i\omega x} \right]^* dx$$

定理2:任意矢量在一组确定的基上的展开系数是唯一的。

确定了矢量的展开系数后,矢量之间的运算便可利用其展开系数来进行。

一般地,若 $| u > = \sum_{i=1}^{n} u_i | e_i >$,$| v > = \sum_{i=1}^{n} v_i | e_i >$,则

$$| u > + | v > = \sum_{i=1}^{n} (u_i + v_i) | e_i >$$

如三维矢量 $\vec{a} = a_1 e_x + a_2 e_y + a_3 e_z$,$\vec{b} = b_1 e_x + b_2 e_y + b_3 e_z$,则 $\vec{a} \pm \vec{b}$ 就可表示为

$$\vec{a} \pm \vec{b} = (a_1 \pm b_1) e_x + (a_2 \pm b_2) e_y + (a_3 \pm b_3) e_z$$

写成右矢的形式是

$$| a > \pm | b > = \sum_{i=1}^{3} (a_i \pm b_i) | e_i >$$

式中,$|e_1 > = e_x$,$|e_2 > = e_y$,$|e_3 > = e_z$。对于矢量的数乘表示有:

$$\alpha | u > = \alpha \sum_{i=1}^{n} u_i | e_i > = \sum_{i=1}^{n} \alpha u_i | e_i > = | \alpha u >$$

2.6　矢量的运算

矢量空间中除定义了一般意义上的矢量的加、减、数乘等运算外,还可定义以下几种常见的运算。

设 $| u > = \begin{bmatrix} u_1 \\ u_2 \\ u_3 \\ \vdots \\ u_n \end{bmatrix}$:

①矢量的复共轭:

$$|u>^* = \begin{bmatrix} u_1^* \\ u_2^* \\ u_3^* \\ \vdots \\ u_n^* \end{bmatrix}$$

例如：

$$[1,1+i,1-i]^* = [1,1-i,1+i]$$

$$\begin{bmatrix} 2 & i \\ -i & 3 \end{bmatrix}^* = \begin{bmatrix} 2 & -i \\ i & 3 \end{bmatrix}$$

②矢量的转置：当矢量用矩阵表示时，就可进行转置运算，用右上角符号"T"来表示：

$$[1,1+i,1-i]^T = \begin{bmatrix} 1 \\ 1+i \\ 1-i \end{bmatrix}$$

$$|u>^T = [u_1 \quad u_2 \quad u_3 \quad \cdots \quad u_n]$$

$\begin{bmatrix} 2 & i \\ 1-i & 3 \end{bmatrix}$ 的转置表示为 $\begin{bmatrix} 2 & 1-i \\ i & 3 \end{bmatrix}$，即

$$\begin{bmatrix} 2 & i \\ 1-i & 3 \end{bmatrix}^T = \begin{bmatrix} 2 & 1-i \\ i & 3 \end{bmatrix}$$

③矢量的复共轭转置：量子力学中用右上角符号"+"来表示，称为左矢，也就是 $|r>^+ = <r|$。如

$$[1,1+i,1-i]^+ = \begin{bmatrix} 1 \\ 1-i \\ 1+i \end{bmatrix}$$

$$|u>^+ = [u_1^* \quad u_2^* \quad u_3^* \quad \cdots \quad u_n^*] = <u|$$

2.7　内积空间

在定义内积之前，先回顾一下三维空间矢量的数量积(也称点积)。设三维空间有矢量 $\vec{A}$ 和 $\vec{B}$，$\vec{A} = A_1 e_1 + A_2 e_2 + A_3 e_3 = (A_1, A_2, A_3)$；$\vec{B} = B_1 e_1 + B_2 e_2 + B_3 e_3 = (B_1, B_2, B_3)$，则矢量 $\vec{A}$ 和 $\vec{B}$ 的数量积定义为

$$\vec{A} \cdot \vec{B} = |\vec{A}||\vec{B}|\cos\theta \quad (\theta \text{ 是 } \vec{A} \text{ 和 } \vec{B} \text{ 之间的夹角})$$

或写成分量的形式：

$$\vec{A} \cdot \vec{B} = A_1 B_1 + A_2 B_2 + A_3 B_3$$

由此可利用数量积的定义表示出矢量的模，例如

$$\vec{A} \cdot \vec{A} = |\vec{A}|^2 = A_1^2 + A_2^2 + A_3^3$$

即有 $|\vec{A}| = \sqrt{\vec{A} \cdot \vec{A}}$

同理有 $|\vec{B}| = \sqrt{\vec{B} \cdot \vec{B}}$。

根据矢量数量积的性质可知：

①$\vec{A} \cdot \vec{B} = \vec{B} \cdot \vec{A}$(交换律)；

③$\vec{A} \cdot \vec{A} \geqslant 0$,仅当$\vec{A} = 0$时取等号(矢量模的非负性)；

③$\vec{A} \cdot (\alpha \vec{B} + \beta \vec{C}) = \alpha \vec{A} \cdot \vec{B} + \beta \vec{A} \cdot \vec{C}, \alpha, \beta$ 为常数(分配律/结合律/线性)。

以上 3 个性质还可应用到其他维的矢量,但点积只适用于"矢量",不能推广至更一般的情况,如复数矢量空间或无穷维函数空间。由此,引入内积的定义如下：

设$|u>$和$|v>$是 n 维空间中的两个矢量,用数组表示为$|u> = \begin{bmatrix} u_1 \\ u_2 \\ u_3 \\ \vdots \\ u_n \end{bmatrix}, |v> = \begin{bmatrix} v_1 \\ v_2 \\ v_3 \\ \vdots \\ v_n \end{bmatrix}$,则其内积定义为

$$(u,v) = <u|v> \tag{2.2}$$

其中左矢 $<u| = |u>^+ = [u_1^*, u_2^*, u_3^*, \cdots, u_n^*]$,所以

$$(u,v) = <u|v> = \begin{bmatrix} u_1^* & u_2^* & u_3^* & \cdots & u_n^* \end{bmatrix} \begin{bmatrix} v_1 \\ v_2 \\ v_3 \\ \vdots \\ v_n \end{bmatrix} = \sum_{i=1}^{n} u_i^* v_i$$

内积除了这种有限维矩阵形式的表示外,还可推广到无限维或函数的积分表示,如定义在$(0,l)$上的一维函数$f(x)$、$g(x)$,则

$$(f(x), g(x)) = \int_0^l f^*(x) g(x) \mathrm{d}x \tag{2.3}$$

或定义在无限空间上的三维函数$\psi(x,y,z)$、$\phi(x,y,z)$,则

$$(\psi, \phi) = \int_{-\infty}^{\infty} \psi^* \phi \mathrm{d}V \quad (\mathrm{d}V \text{ 是积分元}) \tag{2.4}$$

例如:$|a> = \begin{bmatrix} 1 \\ 0 \\ i \\ -i \end{bmatrix}, |b> = \begin{bmatrix} i \\ 2 \\ 1+i \\ 1-i \end{bmatrix}$,则

$$(a,b) = <a|b> = \begin{bmatrix} 1 & 0 & -i & i \end{bmatrix} \begin{bmatrix} i \\ 2 \\ 1+i \\ 1-i \end{bmatrix} = 2 + i$$

$$(b,a) = <b \mid a> = \begin{bmatrix} -i & 2 & 1-i & 1+i \end{bmatrix} \begin{bmatrix} 1 \\ 0 \\ i \\ -i \end{bmatrix} = 2-i$$

又例如：设 $\phi_1 = \cos\dfrac{2\pi}{l}x, \phi_2 = \sin\dfrac{\pi}{l}x$ 为定义在 $(0,2l)$ 上的两个函数，则

$$(\phi_1,\phi_2) = \int_0^{2l} \cos\dfrac{2\pi}{l}x \, \sin\dfrac{\pi}{l}x \mathrm{d}x = 0$$

从以上内积的定义可以看出，矢量的点积可认为是内积的一种形式，或内积是点积的一种推广。

与点积类似，内积也有以下 3 个重要的性质：

①$(u,v)^* = (v,u)$，或 $(<u \mid v>)^* = <v \mid u>$；

证明：积分情形下，

$$(u,v)^* = \left[\int u^* v \mathrm{d}\tau \right]^* = \int u v^* \mathrm{d}\tau = \int v^* u \mathrm{d}\tau = (v,u)$$

矩阵情形下，

$$(u,v)^* = \left(\sum_{i=1}^n u_i^* v_i \right)^* = \sum_{i=1}^n u_i v_i^* = \sum_{i=1}^n v_i^* u_i = (v,u)$$

②$(u,u) \geqslant 0$，或 $<u \mid u> \geqslant 0$，当且仅当 $\mid u> = 0$ 时等号成立；

③$(u,\alpha v + \beta w) = \alpha(u,v) + \beta(u,w)$，或 $<u \mid (\alpha v + \beta w)> = \alpha <u \mid v> + \beta <u \mid w>$；

显然，当 u,v 是实数（实函数）时，上述 3 条就是点积的性质。

除此之外，内积还有以下常用性质：

①若 α,β 为常数，则 $(\alpha u,\beta v) = \alpha^* \beta(u,v)$，或 $<\alpha u \mid \beta v> = \alpha^* \beta <u \mid v>$；

②若 $(u,v) = 0$ 或 $<u \mid v> = 0$，则称 u,v 或 $\mid u>$、$\mid v>$ 正交；

③(u,u) 或 $<u \mid u>$ 称为 u 的范数或模的平方，范数或模记为 $\parallel u \parallel$，常简记为 $\mid u \mid$，$\sqrt{(u,u)} = \mid u \mid$。

定义了内积的空间称为内积空间。当处理的对象是三维空间的矢量时，内积就是矢量的标积。定义了矢量标积的三维空间就是一种内积空间。

利用内积的概念可以引入 n 维空间的一组正交归一基，即相互正交且模为 1 的基。例如三维矢量空间中的 e_x, e_y 和 e_z，满足正交性 $(e_x,e_y) = 0$，$(e_x,e_z) = 0$，$(e_y,e_z) = 0$；单位模 $(e_x,e_x) = 1$。e_x, e_y 和 e_z 采用矩阵形式可表示为

$$e_x = \begin{bmatrix} 1 \\ 0 \\ 0 \end{bmatrix}, e_y = \begin{bmatrix} 0 \\ 1 \\ 0 \end{bmatrix}, e_z = \begin{bmatrix} 0 \\ 0 \\ 1 \end{bmatrix}$$

任一三维空间矢量可在正交归一基 e_x, e_y 和 e_z 上展开：

$$\vec{r} = x e_x + y e_y + z e_z = (x,y,z)$$

写成矩阵形式为

$$\vec{r} = \mid r> = \begin{bmatrix} x \\ y \\ z \end{bmatrix} = x \begin{bmatrix} 1 \\ 0 \\ 0 \end{bmatrix} + y \begin{bmatrix} 0 \\ 1 \\ 0 \end{bmatrix} + z \begin{bmatrix} 0 \\ 0 \\ 1 \end{bmatrix}$$

$\vec{r}$ 的长度(也即 $|r>$ 的模) $|\vec{r}|^2 = <r|r> = \begin{bmatrix} x & y & z \end{bmatrix} \begin{bmatrix} x \\ y \\ z \end{bmatrix} = x^2 + y^2 + z^2$。同时,利用正交基

的性质,可将 $\vec{r}$ 在 x, y, z 方向的分量用内积的形式表示出来:

$$<e_x|r> = \begin{bmatrix} 1 & 0 & 0 \end{bmatrix} \begin{bmatrix} x \\ y \\ z \end{bmatrix} = x$$

$$<e_y|r> = \begin{bmatrix} 0 & 1 & 0 \end{bmatrix} \begin{bmatrix} x \\ y \\ z \end{bmatrix} = y$$

同理,

$$z = <e_z|r>$$

请比较点积的表达式 $x = e_x \cdot \vec{r}; y = e_y \cdot \vec{r}; z = e_z \cdot \vec{r}$。

以上所述可很容易地推广到 n 维或无穷维空间。设 n 维空间中的一组正交归一基为 $|i>$,$i = 1, 2, 3, \cdots, n$。由于 $|i>$ 构成一组正交归一基,有 $<i|j> = \delta_{ij}$。对于任一 n 维向量 $|u>$,

有 $|u> = \sum_{i=1}^{n} u_i |i>$,其第 i 个分量 u_i 可求解如下:

$$<i|u> = <i|\sum_{j=1}^{n} u_j|j> = \sum_{i=1}^{n} u_j <i|j> = \sum_{i=1}^{n} u_j \delta_{ij} = u_i$$

[例 2.7]　设 5 维实空间的一组正交归一基 $|i>$ 为

$$|1> = \begin{bmatrix} 1 \\ 0 \\ 0 \\ 0 \\ 0 \end{bmatrix}, |2> = \begin{bmatrix} 0 \\ 1 \\ 0 \\ 0 \\ 0 \end{bmatrix}, |3> = \begin{bmatrix} 0 \\ 0 \\ 1 \\ 0 \\ 0 \end{bmatrix}, |4> = \begin{bmatrix} 0 \\ 0 \\ 0 \\ 1 \\ 0 \end{bmatrix}, |5> = \begin{bmatrix} 0 \\ 0 \\ 0 \\ 0 \\ 1 \end{bmatrix}$$

设向量 $|w> = \begin{bmatrix} 1 \\ 2 \\ 0 \\ 3 \\ 5 \end{bmatrix}$,则 $|w>$ 可表示为

$$|w> = \begin{bmatrix} 1 \\ 2 \\ 0 \\ 3 \\ 5 \end{bmatrix} = 1 \times \begin{bmatrix} 1 \\ 0 \\ 0 \\ 0 \\ 0 \end{bmatrix} + 2 \times \begin{bmatrix} 0 \\ 1 \\ 0 \\ 0 \\ 0 \end{bmatrix} + 0 \times \begin{bmatrix} 0 \\ 0 \\ 1 \\ 0 \\ 0 \end{bmatrix} + 3 \times \begin{bmatrix} 0 \\ 0 \\ 0 \\ 1 \\ 0 \end{bmatrix} + 5 \times \begin{bmatrix} 0 \\ 0 \\ 0 \\ 0 \\ 1 \end{bmatrix}$$

$$= 1 \times |1> + 2 \times |2> + 0 \times |3> + 3 \times |4> + 5 \times |5>$$

$$= \sum_{i=1}^{5} w_i |i>$$

显然,利用基的正交归一性,$|w>$ 的 5 个分量可依理求出。例如其第 4 个分量 $w_4 =$

$<4|w> = <4|1> + 2<4|2> + 0<4|3> + 3<4|4> + 5<4|5> = 3$。

左矢也可进行展开：

$$< w | = | w >^+ = \left(\sum_{i=1}^{5} w_i | i > \right)^+ = \sum_{i=1}^{5} w_i^+ | i >^+ = \sum_{i=1}^{5} w_i^* < i |$$

利用正交归一基上的展开式也可很方便地求出内积。设 $| u > = \sum_{i=1}^{n} u_i | i >$，$| v > = \sum_{i=1}^{n} v_i | i >$，有

$$< u | v > = \left(\sum_{i=1}^{n} u_i^* < i | \right) \left(\sum_{j=1}^{n} v_j | j > \right) = \sum_{i=1}^{n} \sum_{j=1}^{n} u_i^* v_j < i | j >$$

$$= \sum_{i=1}^{n} \sum_{j=1}^{n} u_i^* v_j \delta_{ij} = \sum_{i=1}^{n} u_i^* v_i$$

$$< u | u > = \left(\sum_{i=1}^{n} u_i^* < i | \right) \left(\sum_{j=1}^{n} u_j | j > \right) = \sum_{i=1}^{n} \sum_{j=1}^{n} u_i^* u_j < i | j >$$

$$= \sum_{i=1}^{n} \sum_{j=1}^{n} u_i^* u_j \delta_{ij} = \sum_{i=1}^{n} u_i^* u_i = \sum_{i=1}^{n} | u_i |^2$$

2.8　施密特方法

利用施密特方法可以将一组 n 维线性无关矢量化为该 n 维空间的一组正交归一基。

[例 2.8]　$| 1 > = \begin{bmatrix} 1 \\ 0 \\ 2 \end{bmatrix}$，$| 2 > = \begin{bmatrix} 2 \\ 1 \\ 1 \end{bmatrix}$，$| 3 > = \begin{bmatrix} 0 \\ 1 \\ 0 \end{bmatrix}$；试考查这 3 个矢量是否线性相关，若线性无关，则将其化为一组正交归一矢量。

解： 先考查 $|1>$、$|2>$、$|3>$ 是否线性相关。设 a, b, c 为任意常数，并令

$$a | 1 > + b | 2 > + c | 3 > = 0$$

得到

$$\begin{bmatrix} a + 2b \\ b + c \\ 2a + b \end{bmatrix} = 0$$

这要求 $\begin{cases} a + 2b = 0 \\ b + c = 0 \\ 2a + b = 0 \end{cases}$。$a, b, c$ 有非零解的条件是行列式 $\begin{vmatrix} 1 & 2 & 0 \\ 0 & 1 & 1 \\ 2 & 1 & 0 \end{vmatrix} = 0$。但 $\begin{vmatrix} 1 & 2 & 0 \\ 0 & 1 & 1 \\ 2 & 1 & 0 \end{vmatrix} = 3 \neq 0$，所以 a, b, c 只有 0 解，表明 $|1>$、$|2>$、$|3>$ 线性无关。

下面进行正交归一化处理。由于 $| |3> |^2 = <3|3> = 1$，其本身是单位向量，可选为第一个基，记为 $|e_1> = |3>$。设第二个基 $|e_2> = |1> + \alpha|e_1>$，由于要求 $<e_1|e_2> = 0$（正交），$<e_2|e_2> = 1$（单位模），可由此解出待定系数 α，从而确定出第二个基 $|e_2>$。

由 $<e_1|e_2> = 0 \Rightarrow <e_1|e_2> = <e_1|1> + \alpha<e_1|e_1> = 0 \Rightarrow \alpha = -<e_1|1> \Rightarrow \alpha =$

$-\begin{bmatrix} 0 & 1 & 0 \end{bmatrix}\begin{bmatrix} 1 \\ 0 \\ 2 \end{bmatrix} = 0 \Rightarrow |e_2> = |1>$。这样得到的 $|e_2>$ 可保证与 $|e_1>$ 正交,但 $|1>$ 的模不是

1,因此还需将其归一化处理。

可设 $|e_2> = \beta|1>$,则 $<e_2| = |e_2>^+ = \beta^*<1|$。由 $<e_2|e_2> = 1 \Rightarrow \beta^*\beta<1|1> = 1 \Rightarrow$

$5|\beta|^2 = 1$。一般为方便计算,可取待定系数 $\beta = \dfrac{1}{\sqrt{5}}$,因此所求第二个归一化基 $|e_2> = \dfrac{1}{\sqrt{5}}|1> =$

$\dfrac{1}{\sqrt{5}}\begin{bmatrix} 1 \\ 0 \\ 2 \end{bmatrix}$。

对于第三个基 $|e_3>$,可设为 $|e_3> = |2> + \alpha|e_1> + \beta|e_2>$,其中 α,β 为待定系数。由正交性 $<e_1|e_3> = 0$ 和 $<e_2|e_3> = 0$ 可解出 α,β,从而确定出与 $|e_1>$、$|e_2>$ 正交的 $|e_3>$;但此时 $|e_3>$ 的模不一定为 1,还需进行归一化处理。具体做法如下:

由 $<e_1|e_3> = 0 \Rightarrow <e_1|2> + \alpha<e_1|e_1> + \beta<e_1|e_2> = 0 \Rightarrow <e_1|2> + \alpha = 0 \Rightarrow \alpha =$

$-<e_1|2>$ 得到 $\alpha = -\begin{bmatrix} 0 & 1 & 0 \end{bmatrix}\begin{bmatrix} 2 \\ 1 \\ 1 \end{bmatrix} = -1$;

由 $<e_2|e_3> = 0 \Rightarrow <e_2|2> + \alpha<e_2|e_1> + \beta<e_2|e_2> = 0 \Rightarrow \beta = -<e_2|2>$ 得到 $\beta =$

$-\dfrac{1}{\sqrt{5}}\begin{bmatrix} 1 & 0 & 2 \end{bmatrix}\begin{bmatrix} 2 \\ 1 \\ 1 \end{bmatrix} = -\dfrac{4}{\sqrt{5}}$。

由此确定出与 $|e_1>$、$|e_2>$ 正交的第三个矢量 $|e_3>$:

$$|e_3> = |2> - |e_1> - \dfrac{4}{\sqrt{5}}|e_2> = \begin{bmatrix} 2 \\ 1 \\ 1 \end{bmatrix} - \begin{bmatrix} 0 \\ 1 \\ 0 \end{bmatrix} - \dfrac{4}{\sqrt{5}} \times \dfrac{1}{\sqrt{5}}\begin{bmatrix} 1 \\ 0 \\ 2 \end{bmatrix} = \dfrac{3}{5}\begin{bmatrix} 2 \\ 0 \\ -1 \end{bmatrix}$$

可以验证 $|e_1>$、$|e_2>$、$|e_3>$ 相互正交。$|e_1>$、$|e_2>$ 已经作了归一化处理,但 $|e_3>$ 还需归一化。因为 $<e_3|e_3> = \dfrac{9}{5}$,可取归一化矢量(仍用 $|e_3>$ 表示)为

$$\sqrt{\dfrac{5}{9}} \times \dfrac{3}{5}\begin{bmatrix} 2 \\ 0 \\ -1 \end{bmatrix} = \dfrac{1}{\sqrt{5}}\begin{bmatrix} 2 \\ 0 \\ -1 \end{bmatrix}$$

最后,所求三个正交归一基分别为

$$|e_1> = \begin{bmatrix} 0 \\ 1 \\ 0 \end{bmatrix}$$

$$|e_2> = \dfrac{1}{\sqrt{5}}\begin{bmatrix} 1 \\ 0 \\ 2 \end{bmatrix}$$

$$|e_3> = \frac{1}{\sqrt{5}}\begin{bmatrix} 2 \\ 0 \\ -1 \end{bmatrix}$$

顺便说明一下,所求的这 3 个正交基不是唯一的,所求结果与计算中所选矢量的先后顺序有关。如果选取作为第一个基的矢量是 $|2>$,则求出来的 3 个正交归一基不同(请计算并说明这种不同的几何意义)。

归一化是很重要的概念,矢量进行归一化处理后的应用就十分方便。以后可以看到这种对线性无关矢量组的归一化处理方法在其他方面的推广与应用。

2.9　矢量空间的完备性与封闭性

定义 1:若有限维矢量空间中的一组正交归一基是该空间所能找到的一组最大的基(或不存在比这组基更大的一组基),则称此组基是完备的。

显然,一组完备的正交归一基所包含基的个数(也就是该空间的一组最大线性无关矢量组中矢量的数目)应当与空间的维数相同。如三维空间中,e_x,e_y 和 e_z 是一组完备的正交归一基,而 e_x 和 e_y 则是不完备的。从另一个角度来看,如果 n 维空间中的一组正交归一基 $\{|i>, i=1,2,3,\cdots,n\}$ 是完备的,则该空间中的任一矢量 $|r>$ 可由 $|i>$ 唯一地展开,即有 $|r> = \sum_{i=1}^{n} a_i|i>$;若 $\{|i>\}$ 不是完备的,则 $|r> = \sum_{i=1}^{n} a_i|i>$ 不可保证成立。例如,对于三维矢量空间来说,e_x 和 e_y 是不完备的,因为用 e_x 和 e_y 的线性组合不能表示三维空间的所有矢量。

完备性是一个很重要的概念,可推广到无穷维空间和由函数构成的空间,因此后面还会提到。与完备性相关的一个概念是封闭性。

定义 2:若有限维矢量空间中不存在一个与所有矢量正交的非 0 矢量,则称该空间是封闭的。

例如,真实的三维空间是封闭的,因为如果存在一个非 0 矢量 $|S>$ 与所有三维空间中的矢量正交,就有 $<e_x|S>=0$、$<e_y|S>=0$、$<e_z|S>=0$,但 $||S>|\neq 0$,则 $|S>$ 不能表示为 e_x,e_y 和 e_z 的线性组合,这与三维空间的完备性相矛盾,因此在三维空间中这个 $|S>$ 是不存在的。反之,若 $|S>$ 存在,此时可引入第四个基矢量 $e_S = \frac{|S>}{||S>|}$,从而该空间就不是三维空间而是四维空间。如此看来,封闭性与完备性是对空间同一性质的不同表述。

定理 3:矢量空间具有完备性的充分必要条件是该矢量空间具有封闭性。

设三维矢量空间的 3 个正交归一基是 $|e_1> = \begin{bmatrix} 1 \\ 0 \\ 0 \end{bmatrix}$、$|e_2> = \begin{bmatrix} 0 \\ 1 \\ 0 \end{bmatrix}$、$|e_3> = \begin{bmatrix} 0 \\ 0 \\ 1 \end{bmatrix}$,由于

$|e_1>$、$|e_2>$ 和 $|e_3>$ 是完备的,所以对于任意一个三维矢量 $|r>$ 有 $|r> = \sum_{i=1}^{3} c_i|e_i>$ $(i=1,2,3)$,其中展开系数 $c_i = <e_i|r>$,由此

$$|r> = \sum_{i=1}^{3} <e_i|r>|e_i> = \sum_{i=1}^{3} |e_i><e_i|r> = \left(\sum_{i=1}^{3} |e_i><e_i|\right)|r>$$

由于 $|r>$ 是三维空间中的任意矢量,所以有 $\sum\limits_{i=1}^{3}|e_i><e_i|=\hat{I}$,也就是 $\sum\limits_{i=1}^{3}|e_i><e_i|$ 等效为一个三维矢量空间的单位算符(单位矩阵)。利用 $|e_1>$、$|e_2>$ 和 $|e_3>$ 的矩阵表达式及左/右矢关系,可得

$$\sum_{i=1}^{3}|e_i><e_i|=\begin{bmatrix}1\\0\\0\end{bmatrix}[1\ \ 0\ \ 0]+\begin{bmatrix}0\\1\\0\end{bmatrix}[0\ \ 1\ \ 0]+\begin{bmatrix}0\\0\\1\end{bmatrix}[0\ \ 0\ \ 1]=\begin{bmatrix}1&0&0\\0&1&0\\0&0&1\end{bmatrix}$$

三维矢量空间的这种 $\sum\limits_{i=1}^{3}|e_i><e_i|=\hat{I}$ 保证了其封闭性,因为如果有矢量 $|S>$ 与所有三维空间中的矢量正交,则 $\sum\limits_{i=1}^{3}|e_i><e_i||S>=\sum\limits_{i=1}^{3}|e_i><e_i|S>=0$,表明 $|S>$ 只能是 0 矢量;如果 $|S>$ 是非 0 矢量,则不能属于此三维矢量空间。

完备性与封闭性是量子力学理论得以建立的基础,在后面还会对这两个概念进行推广。

2.10　两个不等式

作为线性矢量空间的应用练习,介绍两个重要的不等式,即施瓦茨不等式 $|<u|v>|\leqslant|u||v|$ 和三角不等式 $||u>+|v>|\leqslant||<u||+|<v||$。

施瓦茨不等式的证明:

若 $|u>=0$ 或 $|v>=0$,不等式成立(取等号),此意义不大,现设 $|u>$ 和 $|v>$ 均不为 0。

取 $|w>=|u>-\dfrac{<v|u>}{||v>|^2}|v>$,则 $<w|=<u|-\dfrac{<v|u>^*}{||v>|^2}<v|$

由于 $<w|w>\geqslant0$,并代入上述表达式,得

$$\left(<u|-\frac{<v|u>^*}{||v>|^2}<v|\right)\left(|u>-\frac{<v|u>}{||v>|^2}|v>\right)\geqslant0$$

$$<u|u>-\frac{<v|u>}{||v>|^2}<u|v>-\frac{<v|u>^*}{||v>|^2}<v|u>+\frac{<v|u>^*<v|u>}{||v>|^4}<v|v>\geqslant0$$

利用 $<v|u>^*=<u|v>$ 及 $||v>|^2=<v|v>$,可得

$$<u|u>-2\frac{<u|v>^*<u|v>}{||v>|^2}+\frac{<u|v><u|v>^*}{||v>|^2}\geqslant0$$

再合并得

$$<u|u>-\frac{<u|v>^*<u|v>}{||v>|^2}\geqslant0$$

代入 $||u>|^2=<u|u>$ 及 $<u|v>^*<u|v>=|<u|v>|^2$

$|u||v|\geqslant|<u|v>|$,当且仅当 $|u>=C|v>$ 时等号成立。(C 为任意常数)

三角不等式的证明略(提示:利用施瓦茨不等式)。

2.11　希尔伯特空间

前面主要讨论了矢量空间,对函数 u 和矢量 $|u>$ 并没有进行严格的区分。如果把矢量空间的概念在维数及所包含的元素上进行推广,也就是把有限维空间推广至无穷维,同时把函数也看成构成这一无穷维空间的元素,则函数就可以看成空间的一个矢量,如此函数与矢量这两个不同的概念就可以互换。

傅里叶级数是一个最为常见的例子,$f(x) = a_0 + \sum_{n=1}^{\infty} \left(a_n \cos \frac{n\pi}{l}x + b_n \sin \frac{n\pi}{l}x \right)$。其中,定义在 $[0,2l]$ 上的函数系 $1, \cos \frac{n\pi}{l}x, \sin \frac{n\pi}{l}x (n = 1,2,3,\cdots)$ 包含有无穷个函数,因此这是一个无穷维空间,该空间的基函数就是这个函数系 $1, \cos \frac{n\pi}{l}x, \sin \frac{n\pi}{l}x$。任意一个定义在 $[0,2l]$ 上的函数 $f(x)$ 就等效为这个无穷维空间中的一个矢量,其在基上的展开系数就是 a_0, a_n, b_n。同时,这个无穷维空间也是一个内积空间,因为在引入傅里叶级数的过程中定义了内积 $(f(x), g(x)) = \int_0^{2l} f(x)g(x)\mathrm{d}x$;函数系 $1, \cos \frac{n\pi}{l}x, \sin \frac{n\pi}{l}x$ 在内积的意义上是正交的,如 $\int_0^{2l} \left(1 \times \cos \frac{n\pi}{l}x \right)\mathrm{d}x = 0$、$\int_0^{2l} \sin \frac{m\pi}{l}x \cos \frac{n\pi}{l}x \mathrm{d}x = 0$;利用内积与基函数的正交性可计算出展开系数 $a_0 = \frac{1}{2l}\int_0^{2l} f(x)\mathrm{d}x$、$a_n = \frac{1}{l}\int_0^{2l} f(x)\cos \frac{n\pi}{l}x \mathrm{d}x$ 等。

除傅里叶级数之外,在物理中常用的还有所谓的广义傅里叶级数,如以勒让德多项式 $P_l(x)$ 为基函数的级数、以复函数系 $e^{im\varphi} (m = 0, \pm1, \pm2, \cdots)$ 为基底的级数,其他如球函数、贝塞尔函数、埃米特多项式、拉盖尔多项式等。把级数推广至积分就有傅里叶积分、广义傅里叶积分等形式。这些都是前述矢量空间概念与结构特征在函数领域的一种推广和发展。

希尔伯特空间之于量子力学,犹如微积分之于牛顿力学,是量子力学的核心概念之一。量子力学的基本理论框架就主要建构在希尔伯特空间的基础之上,因此,希尔伯特空间的相关知识对于理解量子力学是十分重要且必不可少的。从数学的角度来看,通过把函数处理成矢量,就融合了数学的 3 个主要领域:代数、几何与数学分析。代数处理的主要对象是矩阵,几何处理的对象是矢量,数学分析处理的对象则是函数。这三者的整合为现代物理学提供了强有力的数学背景。

实际上,希尔伯特空间泛指一大类定义了内积的矢量空间,因此它也是一种内积空间。前面讨论过的矢量空间都属于希尔伯特空间,例如由实数向量构成的三维空间、以傅里叶函数为基底的无穷维空间。一般来讲,量子力学中所用的希尔伯特空间比数学意义上的希尔伯特空间要狭义一些,因此这里不打算对希尔伯特空间下严格的定义,仅针对量子力学中所指的希尔伯特空间进行说明。

量子力学中的希尔伯特空间是指具有下列性质的一类矢量空间:

①空间的元素由函数构成(常数可理解为特殊的函数)。

②函数可以是复数值,也可以是实数值,但函数的自变量是实数。

③函数通常定义在闭域 $[a,b]$ 上,也可定义在 $(-\infty,\infty)$ 上。

④ 函数模的平方可积,也就是 $\int_a^b |f(x)|^2 \mathrm{d}x$ 或 $\int_{-\infty}^{\infty} |f(x)|^2 \mathrm{d}x$ 收敛。

⑤定义的内积具有 $(u,v)^* = (v,u)$、$(u,u) \geqslant 0$、$(u,\alpha v + \beta w) = \alpha(u,v) + \beta(u,w)$ 或 $(\alpha u + \beta v,w) = \alpha^*(u,w) + \beta^*(v,w)$、$|u| = \sqrt{(u,u)}$ 性质。

⑥ 具有完备性和封闭性。由于希尔伯特空间包括无穷维的情况,所以这里的完备性是指存在一组相互正交归一的函数族 $\{g_i(x)\}$,使任意一个函数 $f(x)$ 可展开为 $\{g_i(x)\}$ 的级数形式 $f(x) = \sum_{i=1}^{\infty} c_i g_i(x)$,且满足 $\lim_{n \to \infty} \int_a^b \left| f(x) - \sum_{i=1}^{n} c_i g_i(x) \right|^2 \mathrm{d}x = 0$,也就是 $\sum_{i=1}^{n} c_i g_i(x)$ 平均收敛于 $f(x)$,且系数 c_i 与 n 无关,则称希尔伯特空间中的一组函数族 $\{g_i(x)\}$ 是完备的。封闭性的定义及其与完备性的关系与前面矢量空间的定义类似,这里不再叙述。

⑦前面介绍的有限维矢量空间的一般性质及矢量运算规则和方法同样可应用到希尔伯特空间。

由于任意函数 u 可以是希尔伯特空间中的一个矢量 $|u>$,因此 u 和 $|u>$ 只是同一对象的两种不同表达方式。今后将不加区别地使用 u 及 $|u>$,采用何种形式则依具体情况而定。

习 题

2.1　设 $|a> = \begin{bmatrix} 1 \\ 0 \\ i \\ -i \end{bmatrix}$、$|b> = \begin{bmatrix} i \\ 2 \\ 1+i \\ 1-i \end{bmatrix}$,试计算 $<a|a>$、$<a|b>$、$<b|a>$、$<b|b>$。

2.2　$|1> = \begin{bmatrix} 1 \\ 0 \\ 1 \end{bmatrix}$、$|2> = \begin{bmatrix} 0 \\ 1 \\ 1 \end{bmatrix}$、$|3> = \begin{bmatrix} 1 \\ 1 \\ 0 \end{bmatrix}$,试考查这 3 个向量是否线性相关。若线性无关,则将其化为一组正交归一向量;若线性相关,则写出它们之间的关系。

2.3　证明三角不等式 $| |V> + |W> | \leqslant | |V> | + | |W> |$。

第 **3** 章
算符及其基本性质和运算

3.1 算符的定义及其基本性质

算符的定义:算符一般是指一个运算过程,将函数/矢量变换成另一个函数/矢量,如 $\hat{\Omega}|u> = |v>$ 或 $\hat{\Omega}u = v$ 或左矢表示 $<u|\hat{F} = <v|$。代表这种运算的符号就称为算符,如前面的 $\hat{\Omega}$ 和 $\hat{F}$,为和其他符号相区别,通常在字母上加"^"符号来表示。

算符的作用就是对矢量空间中的矢量进行操作,在希尔伯特空间中就是对作为矢量的函数进行操作,因此算符的性质与其所对应的空间性质相关。

例如: $\dfrac{\mathrm{d}}{\mathrm{d}x}$、$f(x)$、$\sqrt{}$、$\dfrac{\partial^2}{\partial x \partial y}$、$C$、$\int \cdots \mathrm{d}x$ 、∇ 等都是常见的算符形式。

算符的性质:

(1)算符的相等

若算符 $\hat{F}$,$\hat{G}$ 作用在任一函数 u 上有相同的结果,即 $\hat{F}u = \hat{G}u$,则称算符 $\hat{F}$,$\hat{G}$ 相等,记为 $\hat{F} = \hat{G}$ 。

(2)算符的和

若对于任意函数 u 有 $(\hat{F} + \hat{G})u = \hat{F}u + \hat{G}u = \hat{\Omega}u$,则称 $\hat{\Omega}$ 为 $\hat{F}$ 与 $\hat{G}$ 的和,记为 $\hat{\Omega} = \hat{F} + \hat{G}$。算符的和满足交换律 $\hat{F} + \hat{G} = \hat{G} + \hat{F}$,结合律 $(\hat{F} + \hat{G}) + \hat{Q} = \hat{F} + (\hat{G} + \hat{Q})$。

(3)算符的数乘

α 为常数,$\hat{F}u = v$,则 $\alpha \hat{F}u = \alpha v$。

(4)算符的乘积

将算符 $\hat{F}$,$\hat{G}$ 前后相乘,写成 $\hat{F}\hat{G}$;若对于任意函数 u,有 $\hat{F}\hat{G}u = \hat{\Omega}u$,则称 $\hat{\Omega}$ 为 $\hat{F}$,$\hat{G}$ 的乘积,记为 $\hat{\Omega} = \hat{F}\hat{G}$。若多个算符相乘后作用于函数,则采用近者优先的原则,即 $(\hat{F}\hat{G})u = \hat{F}(\hat{G}u)$。由此表明,算符相乘时出现的先后次序不同,其结果也可能不同。因此,一般地

$$\hat{F}\hat{G} \neq \hat{G}\hat{F}$$

（5）算符的对易与反对易

若 $\hat{F}\hat{G} = \hat{G}\hat{F}$，也就是对于任一函数，$\hat{F}\hat{G}u = \hat{G}\hat{F}u$，则称算符 $\hat{F},\hat{G}$ 对易；引入记号 $[\hat{F},\hat{G}] = \hat{F}\hat{G} - \hat{G}\hat{F}$。$\hat{F},\hat{G}$ 对易可记为 $[\hat{F},\hat{G}] = 0$；$[\hat{F},\hat{G}]$ 称为算符 $\hat{F},\hat{G}$ 的对易算符（对易子）。

若 $\hat{F}\hat{G} = -\hat{G}\hat{F}$，也就是对于任一函数，$\hat{F}\hat{G}u = -\hat{G}\hat{F}u$，则称算符 $\hat{F},\hat{G}$ 反对易；引入记号 $[\hat{F},\hat{G}]_{+} = \hat{F}\hat{G} + \hat{G}\hat{F}$。$\hat{F},\hat{G}$ 反对易可记为 $[\hat{F},\hat{G}]_{+} = 0$。

容易证明，对易子有如下基本性质：

$$[\hat{F},\hat{F}] = 0$$

$$[\hat{F},\hat{G} + \hat{R}] = [\hat{F},\hat{G}] + [\hat{F},\hat{R}]$$

$$[\hat{F},\hat{G}\hat{R}] = \hat{G}[\hat{F},\hat{R}] + [\hat{F},\hat{G}]\hat{R};\quad [\hat{F}\hat{G},\hat{R}] = \hat{F}[\hat{G},\hat{R}] + [\hat{F},\hat{R}]\hat{G}$$

$$[\hat{F},[\hat{G},\hat{R}]] + [\hat{G},[\hat{R},\hat{F}]] + [\hat{R},[\hat{F},\hat{G}]] = 0 \quad （雅可比恒等式）$$

例如，设 x,y 是两个独立变量，则对于任意可导函数 u，有

$$\frac{\partial}{\partial x}\left(\frac{\partial u}{\partial y}\right) = \frac{\partial}{\partial y}\left(\frac{\partial u}{\partial x}\right)$$

即在数学上表示为 $\frac{\partial^2}{\partial y \partial x} = \frac{\partial^2}{\partial x \partial y}$，在量子力学中用对易子表示为 $\left[\frac{\partial}{\partial x},\frac{\partial}{\partial y}\right] = 0$。

例如，算符 x 与 $\frac{\mathrm{d}}{\mathrm{d}x}$ 不对易，因为 $\frac{\mathrm{d}}{\mathrm{d}x}(xu) = u + x\frac{\mathrm{d}u}{\mathrm{d}x} \neq x\left(\frac{\mathrm{d}u}{\mathrm{d}x}\right)$。

若 $[\hat{A},\hat{B}] = 0$，且 $[\hat{B},\hat{C}] = 0$，则不一定有 $[\hat{A},\hat{C}] = 0$。

例如，$\left[x,\frac{\partial}{\partial y}\right] = 0$，$\left[\frac{\partial}{\partial y},\frac{\partial}{\partial x}\right] = 0$，但 $\left[x,\frac{\partial}{\partial x}\right] \neq 0$。

（6）单位算符

若算符作用在任一函数上的结果等于该函数本身，则此算符称为单位算符，习惯用符号 $\hat{I}$ 来表示，即有 $\hat{I}u = u$。如常数 1、$\frac{\mathrm{d}}{\mathrm{d}x}\int \cdots \mathrm{d}x$。

注意：不要将单位算符简单地等同于常数 1。

（7）算符的逆

若算符 $\hat{F},\hat{G}$ 满足 $\hat{F}\hat{G} = \hat{I}$，则 $\hat{F}\hat{G}u = \hat{I}u = u \Rightarrow \hat{G}\hat{F}\hat{G}u = \hat{G}u \Rightarrow (\hat{G}\hat{F})(\hat{G}u) = \hat{G}u$。由于 u 的任意性，根据单位算符的定义，有 $\hat{G}\hat{F} = \hat{I} = \hat{F}\hat{G}$，此时称算符 $\hat{F},\hat{G}$ 互为逆算符，记为

$$\hat{F}^{-1} = \hat{G}$$

或

$$\hat{F} = \hat{G}^{-1}$$

显然逆算符满足 $(\hat{F}\hat{G})^{-1} = \hat{G}^{-1}\hat{F}^{-1}$。

［例 3.1］ 设算符 $\hat{F},\hat{G}$ 的逆算符均存在，试证明 $(\hat{F}\hat{G})^{-1} = \hat{G}^{-1}\hat{F}^{-1}$。

证明：由于 $\hat{F},\hat{G}$ 的逆算符存在，在等式 $\hat{F}\hat{G}=\hat{F}\hat{G}$ 中左乘 $\hat{F}^{-1}$ 后再左乘 $\hat{G}^{-1}$，可得

$$\hat{G}^{-1}\hat{F}^{-1}\hat{F}\hat{G}=\hat{G}^{-1}\hat{F}^{-1}\hat{F}\hat{G}=\hat{G}^{-1}\hat{G}=\hat{I}$$

由逆算符的定义可知 $\hat{G}^{-1}\hat{F}^{-1}=(\hat{F}\hat{G})^{-1}$，得证。

需要注意的是并不是所有算符都存在对应的逆算符。

（8）算符的复共轭

一个复数的复共轭就是把这个复数中的虚数符号 $i=\sqrt{-1}$ 变为 $-i$ 后得到的复数，这种运算习惯上用右上角加标记"$*$"来表示。如 $2+4i$ 的复共轭就是 $(2+4i)^{*}=2-4i$。复共轭的概念也可推广至算符的情形。算符 $\hat{F}$ 的复共轭就表示为 $\hat{F}^{*}$，如 $(\hat{A}e^{i\phi}+2i\hat{B})^{*}=\hat{A}^{*}e^{-i\phi}-2i\hat{B}^{*}$；算符 $x+i\dfrac{d}{dx}$ 的复共轭就是 $x-i\dfrac{d}{dx}$；推广至矩阵情形，矩阵 $\begin{bmatrix}1-i & i\\ -i & 1\end{bmatrix}$ 的复共轭矩阵是 $\begin{bmatrix}1-i & i\\ -i & 1\end{bmatrix}^{*}=\begin{bmatrix}1+i & -i\\ i & 1\end{bmatrix}$。

（9）算符的转置

先回顾一下矩阵的转置，如前面提到过以矩阵形式定义的矢量的转置。矩阵的转置一般定义为：设矩阵 $A=(a_{ij})_{n\times m}$，则 A 的转置矩阵为 $(a_{ji})_{m\times n}$，一般记为 A^{T}。矩阵的转置满足 $(A^{T})^{T}=A$；$(A+B)^{T}=A^{T}+B^{T}$；$(AB)^{T}=B^{T}A^{T}$ 等性质。

例如，矩阵 $\begin{bmatrix}1 & 0 & 1\\ 2 & 2 & 4\\ 2 & 3 & 0\end{bmatrix}$ 的转置矩阵是 $\begin{bmatrix}1 & 2 & 2\\ 0 & 2 & 3\\ 1 & 4 & 0\end{bmatrix}$。

算符转置的定义：设算符 $\hat{F},\hat{G}$ 满足 $(u,\hat{F}v)=(v^{*},\hat{G}u^{*})$，则称算符 $\hat{G}$ 是算符 $\hat{F}$ 的转置算符，记为 $\hat{G}=\tilde{\hat{F}}$ 或 $\hat{G}=\hat{F}^{T}$，则定义式也可改写为 $(u,\hat{F}v)=(v^{*},\tilde{\hat{F}}u^{*})$。表示为积分形式 $\int u^{*}\hat{F}vd\tau=\int v\hat{G}u^{*}d\tau=\int v\tilde{\hat{F}}u^{*}d\tau$。显然也有 $\tilde{\tilde{\hat{G}}}=\hat{F}$，也就是算符转置的转置就是算符本身。

[例 3.2]　设算符 $\hat{F}=\dfrac{d}{dx}$，求其转置算符 $\tilde{\hat{F}}$。

解：由定义，

$$\int_{-\infty}^{\infty}v\tilde{\hat{F}}u^{*}dx=\int_{-\infty}^{\infty}u^{*}\hat{F}vdx=\int_{-\infty}^{\infty}u^{*}\left(\frac{d}{dx}v\right)dx=\int_{-\infty}^{\infty}u^{*}dv$$

$$=u^{*}v\Big|_{-\infty}^{\infty}-\int_{-\infty}^{\infty}vdu^{*}=-\int_{-\infty}^{\infty}v\left(\frac{d}{dx}u^{*}\right)dx$$

比较左右两端，可得 $\tilde{\hat{F}}=-\dfrac{d}{dx}$。

注意：在上述推导中，应用了条件 $u^{*}v\Big|_{-\infty}^{\infty}=0$；若积分限为有限闭域 $[a,b]$，则应满足 $u^{*}v\Big|_{a}^{b}=0$。后面将看到，对于束缚态波函数，这个条件自然是满足的；而对于非束缚态，这一条件也可满足。

后面还会讲到,当算符用矩阵表示时,算符的转置与矩阵的转置完全一致。

算符的转置也满足:

$$\tilde{\tilde{\hat{F}}} = \hat{F}$$

$$(\hat{F} + \hat{G})^{\mathrm{T}} = \tilde{\hat{F}} + \tilde{\hat{G}}$$

$$(\hat{F}\hat{G})^{\mathrm{T}} = \tilde{\hat{G}}\,\tilde{\hat{F}}$$

(10)算符的厄米共轭

若算符 $\hat{F}, \hat{G}$ 满足 $(u, \hat{F}v) = (\hat{G}u, v)$,则称算符 $\hat{G}$ 是算符 $\hat{F}$ 的厄米共轭算符,记为 $\hat{G} = \hat{F}^+$。如果 $\hat{F}$ 的厄米算符存在,则对任意函数,有

$$(u, \hat{F}v) = (\hat{F}^+ u, v)$$

显然,$(\hat{F}^+)^+ = \hat{F}$,因此厄米共轭算符是相互的,即算符 $\hat{F}, \hat{G}$ 互为厄米共轭算符。

由厄米共轭算符的定义 $(u, \hat{F}v) = (\hat{G}u, v)$,左边 $(u, \hat{F}v) = (v^*, \tilde{\hat{F}}u^*) = (v, \hat{F}^* u)^* = (\tilde{\hat{F}}^* u, v)$,比较结果,可知 $\hat{G} = \hat{F}^+ = \tilde{\hat{F}}^*$,表明算符的厄米共轭算符是该算符的转置复共轭算符。

若算符 $\hat{F}$ 满足 $\hat{F}^+ = \hat{F}$,即有 $(u, \hat{F}v) = (\hat{F}u, v)$,则称算符 $\hat{F}$ 为厄米算符。厄米算符在量子力学中是十分重要的一类算符,后面再详细介绍。

(11)线性算符

对于任意函数 u, v(或矢量)及常数 α, β,若算符 $\hat{F}$ 满足 $\hat{F}(\alpha u + \beta v) = \alpha \hat{F}u + \beta \hat{F}v$,则称为线性算符。线性算符如 $f(x), \dfrac{\mathrm{d}}{\mathrm{d}x}$ 等;而 $\sqrt{}$、$|\ |$ 等则不是线性算符。

3.2　算符的矩阵表示

设算符 $\hat{F}$ 的作用是把 n 维矢量 $|u>$ 转换成另一个 n 维矢量 $|v>$,也就是 $\hat{F}|u> = |v>$。若此 n 维矢量空间的一组正交归一基为 $|i> (i = 1,2,3,\cdots,n)$,则可将 $|u>$ 及 $|v>$ 在此基上展开,有 $|u> = \sum\limits_{i=1}^{n} u_i |i>$,$|v> = \sum\limits_{i=1}^{n} v_i |i>$,代入 $\hat{F}|u> = |v>$ 式,得

$$\hat{F}\left(\sum_{i=1}^{n} u_i |i>\right) = \sum_{i=1}^{n} u_i (\hat{F}|i>) = \sum_{i=1}^{n} v_i |i>$$

上式两边同乘左矢 $<j|$,可得

$$<j|\left[\sum_{i=1}^{n} u_i (\hat{F}|i>)\right] = <j|\left(\sum_{i=1}^{n} v_i |i>\right)$$

$$\sum_{i=1}^{n} u_i (<j|\hat{F}|i>) = \left(\sum_{i=1}^{n} v_i <j\|i>\right)$$

由于基的正交归一性，有 $\langle j|i\rangle=\delta_{ij}$，另记 $F_{ji}=\langle j|\hat{F}|i\rangle$，称为算符 $\hat{F}$ 在基 $\{|i\rangle\}$ 上的矩阵元。这样，

$$\sum_{i=1}^{n} F_{ji}u_i = \sum_{i=1}^{n} v_i\delta_{ji} = v_j$$

写成矩阵形式：

$$\begin{bmatrix} F_{11} & F_{12} & F_{13} & \cdots & F_{1n} \\ F_{21} & F_{22} & F_{23} & \cdots & F_{2n} \\ \vdots & \vdots & \vdots & & \vdots \\ F_{n-1,1} & F_{n-1,2} & F_{n-1,3} & \cdots & F_{n-1,n} \\ F_{n1} & F_{n2} & F_{n3} & \cdots & F_{nn} \end{bmatrix} \begin{bmatrix} u_1 \\ u_2 \\ u_3 \\ \vdots \\ u_n \end{bmatrix} = \begin{bmatrix} v_1 \\ v_2 \\ v_3 \\ \vdots \\ v_n \end{bmatrix}$$

可简记为 $Fu=v$。

由上述可知，在确定了一组正交归一基后，算符和矢量可表示为矩阵形式。到目前为止，我们所介绍的矢量或基矢量是指由常数组成的向量，但算符和矢量表示为矩阵形式的思想可推广至由函数构成的矢量或基的情况。关于这点，在以后的具体例子中再作简要讨论。

[例 3.3]　设算符 $\hat{R}(\theta)$ 的作用是把二维坐标 $x-y$ 中的矢量 $|r\rangle$ 沿逆时针方向旋转 θ 角。设坐标 x-y 中的两个基矢量为 $|e_1\rangle=\begin{bmatrix}1\\0\end{bmatrix}$，$|e_2\rangle=\begin{bmatrix}0\\1\end{bmatrix}$，试将 $\hat{R}(\theta)$ 表示为矩阵形式。

解：如图 3.1 所示，$\hat{R}(\theta)$ 将 $|e_1\rangle$ 沿逆时针方向旋转 θ 角后，所得到的新矢量

$$\hat{R}(\theta)|e_1\rangle = \cos\theta|e_1\rangle + \sin\theta|e_2\rangle$$

同理，将 $|e_2\rangle$ 旋转后的结果是

$$\hat{R}(\theta)|e_2\rangle = -\sin\theta|e_1\rangle + \cos\theta|e_2\rangle$$

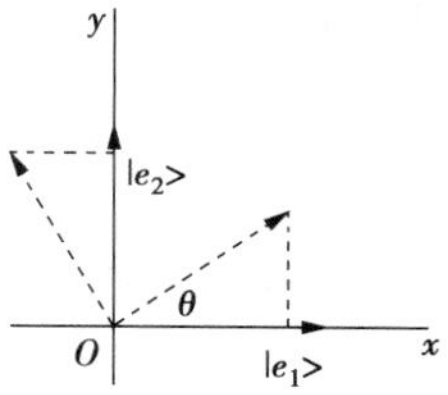

图 3.1　二维矢量旋转

则其相应的矩阵元分别是

$$R_{11} = \langle e_1|\hat{R}(\theta)|e_1\rangle = \langle e_1|(\cos\theta|e_1\rangle + \sin\theta|e_2\rangle)$$
$$= \cos\theta\langle e_1|e_1\rangle + \sin\theta\langle e_1|e_2\rangle = \cos\theta$$

$$R_{12} = \langle e_1|\hat{R}(\theta)|e_2\rangle = \langle e_1|(-\sin\theta|e_1\rangle + \cos\theta|e_2\rangle)$$
$$= -\sin\theta\langle e_1|e_1\rangle + \cos\theta\langle e_1|e_2\rangle = -\sin\theta$$

$$R_{21} = \langle e_2|\hat{R}(\theta)|e_1\rangle = \langle e_2|(\cos\theta|e_1\rangle + \sin\theta|e_2\rangle)$$
$$= \cos\theta\langle e_2|e_1\rangle + \sin\theta\langle e_2|e_2\rangle = \sin\theta$$

$$R_{22} = \langle e_2|\hat{R}(\theta)|e_2\rangle = \langle e_2|(-\sin\theta|e_1\rangle + \cos\theta|e_2\rangle)$$
$$= -\sin\theta\langle e_2|e_1\rangle + \cos\theta\langle e_2|e_2\rangle = \cos\theta$$

$$R = \begin{bmatrix} \cos\theta & -\sin\theta \\ \sin\theta & \cos\theta \end{bmatrix}$$

对于任意矢量 $|r> = x|e_1> + y|e_2> = \begin{bmatrix} x \\ y \end{bmatrix}$，有 $\hat{R}(\theta)|r> = \begin{bmatrix} \cos\theta & -\sin\theta \\ \sin\theta & \cos\theta \end{bmatrix}\begin{bmatrix} x \\ y \end{bmatrix} = \begin{bmatrix} x' \\ y' \end{bmatrix} = |r'>$，其中，$x', y'$ 表示旋转后矢量的坐标。

3.3 算符的本征值问题

本征值问题在物理学中占据着非常显要的地位，在量子力学中也不例外。学习并熟悉量子力学中的各类本征值问题是掌握这门学科的关键之一，因为这里涉及很多量子力学中的基本原理和量子体系的逻辑和构建等方面的知识。

对于算符 $\hat{F}$，若存在函数 u（或矢量 $|u>$）及常数 λ，满足

$$\hat{F}u = \lambda u \quad 或 \quad \hat{F}|u> = \lambda|u> \tag{3.1}$$

则称 u（或 $|u>$）为算符 $\hat{F}$ 的本征函数（或本征矢量）；常数 λ 为算符 $\hat{F}$ 的本征值；方程 $\hat{F}u = \lambda u$（或 $\hat{F}|u> = \lambda|u>$）称为算符 $\hat{F}$ 的本征方程。

由于物理现象总是受制于一定的时空，所以在求解本征方程时，通常还有所谓的边界条件（无穷边界也可理解为一类特殊的边界）。由本征方程和边界条件构成的定解问题就称为本征值问题。

例如，两端固定的均匀弦的自由振动方程，通过分离变量，可以得到 $\dfrac{d^2}{dx^2}u = \lambda u, u\big|_{x=0} = 0$，$u\big|_{x=l} = 0$，此即为算符 $\dfrac{d^2}{dx^2}$ 的本征值问题。又例如将拉普拉斯方程 $\Delta u = 0$ 在球坐标系 (r, θ, φ) 上分离变量，得到两个本征值问题：

$$\frac{d^2\Phi}{d\varphi^2} + \lambda\Phi = 0, \Phi(2\pi + \varphi) = \Phi(\varphi) \qquad （周期边界条件）$$

$$(1-x^2)\frac{d^2\Theta}{dx^2} - 2x\frac{d\Theta}{dx} + \left[l(l+1) - \frac{m^2}{1-x^2}\right]\Theta = 0, （其中 x = \cos\theta, x = \pm1 时 \Theta 有界）$$

根据数学物理方法可知，第二个方程就是 l 阶连带勒让德方程。今后会讨论量子力学中更多的本征值问题。

若算符 $\hat{F}$ 在同一个本征值下不止一个本征函数，且这些本征函数线性无关，则称该本征值简并；这些属同一本征值的不同本征函数的个数称为简并度。如 $\hat{F}$ 在取本征值 λ 时有 f 个线性无关的函数 u_i（或矢量 $|u_i>$），则称其为 f 度简并，即有

$$\hat{F}u_i = \lambda u_i, (i = 1, 2, 3, \cdots, f) \tag{3.2}$$

显然，由于属于算符 $\hat{F}$ 的本征值 λ 的这 f 个本征函数（或本征矢量）线性无关，也可以通过施密特方法予以正交归一化。

本征值问题实质上是一类定解问题，要求解出相应的本征值和本征函数（矢量）。以下是几个简单的例子。

[**例** 3.4]　设旋转算符 $\hat{R}\left(\dfrac{\pi}{2}\right) = \begin{bmatrix} 0 & -1 \\ 1 & 0 \end{bmatrix}$，试求解其本征值问题。

解：设其本征值为 λ，本征矢量为 $|\lambda> = \begin{bmatrix} a \\ b \end{bmatrix}$，由本征方程 $\hat{R}\left(\dfrac{\pi}{2}\right)|\lambda> = \lambda|\lambda>$ 得矩阵形式

$$\begin{bmatrix} 0 & -1 \\ 1 & 0 \end{bmatrix}\begin{bmatrix} a \\ b \end{bmatrix} = \lambda \begin{bmatrix} a \\ b \end{bmatrix}$$

$$\begin{bmatrix} -\lambda & -1 \\ 1 & -\lambda \end{bmatrix}\begin{bmatrix} a \\ b \end{bmatrix} = 0$$

由线性代数知道，a,b 有非 0 解的条件是 λ 满足久期方程

$$\begin{vmatrix} -\lambda & -1 \\ 1 & -\lambda \end{vmatrix} = 0$$

由此解得本征值 $\lambda = \pm i$。

取 $\lambda = i$，此时本征方程是 $\begin{bmatrix} 0 & -1 \\ 1 & 0 \end{bmatrix}\begin{bmatrix} a \\ b \end{bmatrix} = i\begin{bmatrix} a \\ b \end{bmatrix} \Rightarrow \begin{cases} -b = ia \\ a = ib \end{cases}$，取 $a = 1; b = -i$，相应本征矢量

为 $\begin{bmatrix} 1 \\ -i \end{bmatrix}$。可取 $|i> = C\begin{bmatrix} 1 \\ -i \end{bmatrix}$，其中 C 为归一化系数。由归一化条件 $<i|i> = 1$ 可得

$$C^*C[1 \quad i]\begin{bmatrix} 1 \\ -i \end{bmatrix} = 1 \Rightarrow 2|C|^2 = 1$$

可取 $C = \dfrac{1}{\sqrt{2}}$。这样在 $\lambda = i$ 时，对应的归一化本征矢量 $|i> = \dfrac{1}{\sqrt{2}}\begin{bmatrix} 1 \\ -i \end{bmatrix}$。

取 $\lambda = -i$，此时本征方程是 $\begin{bmatrix} 0 & -1 \\ 1 & 0 \end{bmatrix}\begin{bmatrix} a \\ b \end{bmatrix} = -i\begin{bmatrix} a \\ b \end{bmatrix}$。类似地可得其归一化本征矢 $|-i> = \dfrac{1}{\sqrt{2}}\begin{bmatrix} 1 \\ i \end{bmatrix}$。

显然，算符 $\hat{R}\left(\dfrac{\pi}{2}\right)$ 的两个本征矢量 $|i>$ 与 $|-i>$ 满足正交归一化条件：$<i|i> = 1$；$<-i|-i> = 1$；$<i|-i> = 0$。（可自行验算）

[**例** 3.5]　设自旋的 z 轴分量算符 $\hat{S}_z = \dfrac{\hbar}{2}\begin{bmatrix} 1 & 0 \\ 0 & -1 \end{bmatrix}$，试求其本征值与本征矢量。

解：设本征值为 λ，本征矢量为 $|\lambda> = \begin{bmatrix} a \\ b \end{bmatrix}$，其本征方程为 $\hat{S}_z|\lambda> = \lambda|\lambda>$，代入矩阵

$$\dfrac{\hbar}{2}\begin{bmatrix} 1 & 0 \\ 0 & -1 \end{bmatrix}\begin{bmatrix} a \\ b \end{bmatrix} = \lambda\begin{bmatrix} a \\ b \end{bmatrix}$$

久期方程为

$$\begin{vmatrix} \dfrac{\hbar}{2} - \lambda & 0 \\ 0 & -\dfrac{\hbar}{2} - \lambda \end{vmatrix} = 0$$

解得本征值 $\lambda = \pm\dfrac{\hbar}{2}$。

①$\lambda = \dfrac{\hbar}{2}$时,本征方程为$\dfrac{\hbar}{2}\begin{bmatrix} 1 & 0 \\ 0 & -1 \end{bmatrix}\begin{bmatrix} a \\ b \end{bmatrix} = \dfrac{\hbar}{2}\begin{bmatrix} a \\ b \end{bmatrix}$,求解得到$\begin{bmatrix} a \\ -b \end{bmatrix} = \begin{bmatrix} a \\ b \end{bmatrix}$;$b = 0,a$可取任意数。相应的本征矢量是形如$\begin{bmatrix} a \\ 0 \end{bmatrix}$的矢量。根据归一化要求,可简单地取$a = 1$。

②$\lambda = -\dfrac{\hbar}{2}$,本征方程为$\dfrac{\hbar}{2}\begin{bmatrix} 1 & 0 \\ 0 & -1 \end{bmatrix}\begin{bmatrix} a \\ b \end{bmatrix} = -\dfrac{\hbar}{2}\begin{bmatrix} a \\ b \end{bmatrix}$,求解得$a = 0,b$为任意数。类似的,可取$b = 1$。

由此,算符$\hat{S}_z$的本征值为$\pm \dfrac{\hbar}{2}$;相对应的归一化本征函数是$\begin{bmatrix} 1 \\ 0 \end{bmatrix}$与$\begin{bmatrix} 0 \\ 1 \end{bmatrix}$。

[例3.6] 角动量沿z轴分量的算符在球坐标系中表示为$\hat{l}_z = -\mathrm{i}\hbar\dfrac{\mathrm{d}}{\mathrm{d}\varphi}$。求其本征函数和本征值。

解: 设本征值为λ,本征函数为ψ,则其本征方程为

$$-\mathrm{i}\hbar\frac{\mathrm{d}\varphi}{\mathrm{d}\varphi} = \lambda\psi$$

另外,φ是角度坐标,对于任意物理量来说,φ变化2π之后应当保持不变,即存在周期性边界条件

$$\psi(2\pi + \varphi) = \psi(\varphi)$$

由此构成所谓的本征值问题。

本征方程的通解是$\psi(\varphi) = Ce^{\mathrm{i}\frac{\lambda}{\hbar}\varphi}$,代入周期性边界条件可求得本征值

$$Ce^{\mathrm{i}\frac{\lambda}{\hbar}(2\pi+\phi)} = Ce^{\mathrm{i}\frac{\lambda}{\hbar}\phi} \Rightarrow e^{\mathrm{i}\frac{\lambda}{\hbar}2\pi} = 1 \Rightarrow \lambda = m\hbar \quad (m = 0, \pm 1, \pm 2, \cdots)$$

这样,$\psi(\varphi) = Ce^{\mathrm{i}m\varphi}$。利用归一化条件可定出归一化系数$C$。

$$(\psi,\psi) = 1 \Rightarrow \int_0^{2\pi} \psi^*\psi \mathrm{d}\varphi = \int_0^{2\pi}(Ce^{\mathrm{i}m\varphi})^*(Ce^{\mathrm{i}m\varphi})\mathrm{d}\varphi = 1 \Rightarrow C^*C\int_0^{2\pi}\mathrm{d}\varphi = 1 \Rightarrow 2\pi|C|^2 = 1$$

取$C = \dfrac{1}{\sqrt{2\pi}}$。这样,本征函数$\psi_m(\varphi) = \dfrac{1}{\sqrt{2\pi}}e^{\mathrm{i}m\varphi}$(加下标$m$以表示$\lambda = m\hbar$时的函数)。本征函数常常也写成$|m> = \psi_m(\varphi) = \dfrac{1}{\sqrt{2\pi}}e^{\mathrm{i}m\varphi}$,$m$称为量子数。

[例3.7] 定义宇称算符$\hat{P}$,其作用是把任一函数的空间坐标$\vec{r}$变换为$-\vec{r}$,即$\hat{P}f(\vec{r}) = f(-\vec{r})$。试求其本征值和本征函数。

解: 设$\hat{P}$的本征值为λ,本征函数为ψ,则其本征方程为

$$\hat{P}\psi(\vec{r}) = \lambda\psi(\vec{r})$$

由宇称算符的定义及本征方程,可知

$$\hat{P}^2\psi(\vec{r}) = \hat{P}\psi(-\vec{r}) = \psi(\vec{r}), \hat{P}^2\psi(\vec{r}) = \lambda\hat{P}\psi(\vec{r}) = \lambda^2\psi(\vec{r}) \Rightarrow \lambda^2\psi(\vec{r}) = \psi(\vec{r})$$

因此$\lambda^2 = 1 \Rightarrow \lambda = \pm 1$。

$\lambda = 1$时,有$\hat{P}\psi(\vec{r}) = \psi(\vec{r})$,而$\hat{P}\psi(\vec{r}) = \psi(-\vec{r})$,因此$\psi(-\vec{r}) = \psi(\vec{r})$,即$\psi$具有空间反演对称性,是$x,y,z$的偶函数。因此,$\hat{P}$的本征值为1时的本征函数是所有满足空间反演对称

性的函数,称这些函数具有偶宇称。如 $\cos x, x^2 + y^2$ 等。

类似地,$\lambda = -1$ 时,有 $\hat{P}\psi(\vec{r}) = -\psi(\vec{r})$,因此 $\psi(-\vec{r}) = -\psi(\vec{r})$,即 ψ 具有空间反演的反对称性,是 x,y,z 的奇函数。因此,$\hat{P}$ 的本征值为 -1 时的本征函数是所有满足空间反对称性的函数,称这些函数具有奇宇称。如 $\sin x, x - y^3 + z$ 等。

3.4　厄米算符的本征值问题

前面说过,厄米算符是一类十分重要的算符,它有一些独特的性质。根据厄米算符的定义,若算符 $\hat{F}$ 满足 $\hat{F}^+ = \hat{F}$,则 $\hat{F}$ 是厄米算符。

如例 3.5 和例 3.6 中提到过的自旋算符 $\hat{S}_z$、角动量算符 $\hat{l}_z$ 均是厄米算符,而矢量旋转算符 $\hat{R}(\theta)$ 不是。因为 $\hat{S}_z = \dfrac{\hbar}{2}\begin{bmatrix} 1 & 0 \\ 0 & -1 \end{bmatrix}$,而 $\hat{S}_z^+ = \dfrac{\hbar}{2}\begin{bmatrix} 1 & 0 \\ 0 & -1 \end{bmatrix}^+ = \dfrac{\hbar}{2}\begin{bmatrix} 1 & 0 \\ 0 & -1 \end{bmatrix} = \hat{S}_z$;对于旋转算符 $\hat{R}(\theta)$,因为 $\begin{bmatrix} \cos\theta & -\sin\theta \\ \sin\theta & \cos\theta \end{bmatrix}^+ \neq \begin{bmatrix} \cos\theta & \sin\theta \\ -\sin\theta & \cos\theta \end{bmatrix}$,故不是厄米算符。

[例 3.8]　试证明角动量算符 $\hat{l}_z$ 是厄米算符。

证明: 对于任意定义在球坐标系中的函数 u,v,有

$$(u, \hat{l}_z v) = \int_0^{2\pi} u^* \left(-\mathrm{i}\hbar \frac{\partial}{\partial\varphi} \right) v \,\mathrm{d}\varphi = -\mathrm{i}\hbar \left[u^* v \big|_0^{2\pi} - \int_0^{2\pi} v \frac{\partial u^*}{\partial\varphi} \mathrm{d}\varphi \right]$$

$$= \int_0^{2\pi} \left(\mathrm{i}\hbar \frac{\partial u^*}{\partial\varphi} \right) v \,\mathrm{d}\varphi = \int_0^{2\pi} \left(-\mathrm{i}\hbar \frac{\partial u}{\partial\varphi} \right)^* v \,\mathrm{d}\varphi = (\hat{l}_z u, v)$$

由厄米算符的定义,$\hat{l}_z^+ = \hat{l}_z$,故 $\hat{l}_z$ 是厄米算符。

注意: 在上面的证明中,应用了条件 $u^* v |_0^{2\pi} = 0$。由于 u,v 的任意性,表明 $u(\varphi + 2\pi) = u(\varphi), v(\varphi + 2\pi) = v(\varphi)$,即 u,v 满足周期性条件。对于球坐标系中的函数,这一条件是自然满足的。

下面给出关于厄米算符的几个重要定理。

定理 1: 厄米算符的本征值是实数。

证明: 设算符 $\hat{F}^+ = \hat{F}$,本征方程为 $\hat{F}u = \lambda u$,u 是其归一化本征函数,则 $(\hat{F}u, u) = (u, \hat{F}u)$。

左边 $= (\hat{F}u, u) = (\lambda u, u) = \lambda^*(u, u)$

右边 $= (u, \hat{F}u) = (u, \lambda u) = \lambda(u, u)$

但左边 = 右边,也就是 $(\lambda - \lambda^*)(u, u) = 0$。

由于 $(u, u) \geqslant 0$,而 $u = 0$ 时无意义,故 $\lambda = \lambda^*$,本征值 λ 为实数。

定理 2: 厄米算符的不同本征值对应的本征函数正交。

证明: 设厄米算符 $\hat{F}$ 有本征值 λ_i, λ_j,且 $\lambda_i \neq \lambda_j$;相应本征函数为 u_i, u_j;本征方程为 $\hat{F}u_i = \lambda_i u_i, \hat{F}u_j = \lambda_j u_j$,则

$$(u_i, \hat{F}u_j) = (u_i, \lambda_j u_j) = \lambda_j(u_i, u_j)$$

同时由于 $\hat{F}$ 的厄米性,有

$$(u_i, \hat{F}u_j) = (\hat{F}u_i, u_j) = \lambda_i^*(u_i, u_j) = \lambda_i(u_i, u_j)$$

这样

$$\lambda_j(u_i, u_j) = \lambda_i(u_i, u_j) \Rightarrow (\lambda_i - \lambda_j)(u_i, u_j) = 0$$

由于 $\lambda_i \neq \lambda_j$,所以 $(u_i, u_j) = 0$,也就是 u_i, u_j 正交。

定理 3:厄米算符的本征函数(矢量)系是完备的。(证明略)

定理 4:厄米算符的本征函数(矢量)系是封闭的。

说明:设 $\hat{F}^+ = \hat{F}$,本征方程为 $\hat{F}|\phi_i> = \lambda_i|\phi_i>$,则由定理2、定理3可知,本征矢系 $\{|\phi_i>\}$ 具有正交性和完备性,且可归一化,因此可用于构成一组正交归一基。对于任一矢量 $|\psi>$,可由 $\{|\phi_i>\}$ 展开

$$|\psi> = \sum_{i=1}^{n} C_i|\phi_i>$$

利用正交归一性,$C_i = (\phi_i, \psi) = <\phi_i|\psi>$,代回可得

$$|\psi> = \sum_{i=1}^{n} C_i|\phi_i> = \sum_{i=1}^{n} <\phi_i|\psi>|\phi_i> = \sum_{i=1}^{n} |\phi_i><\phi_i|\psi>$$

比较上式左右两边,由于 $|\psi>$ 是任意的,故 $\sum_{i=1}^{n}|\phi_i><\phi_i|$ 可以看成单位算符,即 $\sum_{i=1}^{n}|\phi_i><\phi_i| = \hat{I}$。这一性质称为算符 $\hat{F}$ 的本征矢量系的封闭性。若算符的本征矢量用函数来表示,这一结论对本征函数也是成立的。

值得特别强调的是,由于厄米算符的本征函数系具有完备性和正交性,并可归一化,因此可以作为一组希尔伯特空间的基函数。

引入算符 $\hat{P}_i = |\phi_i><\phi_i|$,则

$$\sum_{i=1}^{n}|\phi_i><\phi_i| = \sum_{i=1}^{n} P_i = \hat{I}$$

$\hat{P}_i$ 称为投影算符,因为

$$\hat{P}_i|\psi> = |\phi_i><\phi_i|\psi> = C_i|\phi_i>$$

其作用在矢量 $|\psi>$ 上时,得到 $|\psi>$ 在基上的投影,固而称为投影算符。

[例3.9] 设三维空间的一组正交归一完备基是 $|e_1> = \begin{bmatrix}1\\0\\0\end{bmatrix}$、$|e_2> = \begin{bmatrix}0\\1\\0\end{bmatrix}$、$|e_3> = \begin{bmatrix}0\\0\\1\end{bmatrix}$;试

求投影算符 $P_2 = |e_2><e_2|$ 的矩阵表示,并验证 $\sum_{i=1}^{3}|e_i><e_i| = \hat{I}$。

证明:

$$P_2 = |e_2><e_2| = \begin{bmatrix}0\\1\\0\end{bmatrix}\begin{bmatrix}0&1&0\end{bmatrix} = \begin{bmatrix}0&0&0\\0&1&0\\0&0&0\end{bmatrix}$$

$$\sum_{i=1}^{3} | e_i > < e_i | = | e_1 > < e_1 | + | e_2 > < e_2 | + | e_3 > < e_3 |$$

$$= \begin{bmatrix} 1 & 0 & 0 \\ 0 & 0 & 0 \\ 0 & 0 & 0 \end{bmatrix} + \begin{bmatrix} 0 & 0 & 0 \\ 0 & 1 & 0 \\ 0 & 0 & 0 \end{bmatrix} + \begin{bmatrix} 0 & 0 & 0 \\ 0 & 0 & 0 \\ 0 & 0 & 1 \end{bmatrix} = \hat{I}$$

得证。

3.5　厄米算符在不同对易关系下的本征值问题

3.5.1　对易情形

关于厄米算符在对易情况下的本征值问题有以下定理：

定理 5：若厄米算符 $\hat{F}$ 和 $\hat{G}$ 存在一组共同的完备的本征函数系，则 $[\hat{F}, \hat{G}] = 0$。

证明：设 $\{\phi_i\}$ 是 $\hat{F}$ 和 $\hat{G}$ 的一组共同完备的正交归一化本征函数系，本征方程为

$$\hat{F}\phi_i = f_i\phi_i, \hat{G}\phi_i = g_i\phi_i$$

对于任意一个函数 u，由于 $\{\phi_i\}$ 的完备性，可表示为 $u = \sum_i c_i\phi_i$，则有

$$\hat{F}\hat{G}u = \hat{F}(\hat{G}u) = \hat{F}(\hat{G}\sum_i c_i\phi_i) = \hat{F}\sum_i c_i(\hat{G}\phi_i) = \hat{F}\sum_i c_i g_i\phi_i = \sum_i c_i g_i(\hat{F}\phi_i) = \sum_i c_i g_i f_i\phi_i$$

$$\hat{G}\hat{F}u = \hat{G}(\hat{F}\sum_i c_i\phi_i) = \hat{G}\sum_i c_i(\hat{F}\phi_i) = \hat{G}\sum_i c_i f_i\phi_i = \sum_i c_i f_i(\hat{G}\phi_i) = \sum_i c_i f_i g_i\phi_i$$

$$\hat{F}\hat{G}u = \hat{G}\hat{F}u \Rightarrow [\hat{F}, \hat{G}]u = 0 \Rightarrow [\hat{F}, \hat{G}] = 0$$

注意：算符 $\hat{F}$ 和 $\hat{G}$ 对易的前提是存在一组共同的本征函数系，且这组函数系必须是完备的。

定理 6：若厄米算符 $\hat{F}$ 和 $\hat{G}$ 对易，也就是 $[\hat{F}, \hat{G}] = 0$，则 $\hat{F}$ 和 $\hat{G}$ 必有一组共同完备的本征函数系。

证明：设 $[\hat{F}, \hat{G}] = 0$，算符 $\hat{F}$ 有本征方程 $\hat{F}\phi_i = f_i\phi_i$，且 f_i 非简并，则

$$\hat{F}\hat{G}\phi_i = \hat{G}\hat{F}\phi_i = f_i\hat{G}\phi_i$$

即 $\hat{G}\phi_i$ 也是 $\hat{F}$ 属于本征值为 f_i 的本征函数。由于 f_i 是非简并的，也就是说属于本征值 f_i 的本征函数只有一个，表明 $\hat{G}\phi_i$ 与 ϕ_i 只相差一个常数因子，设其为 g_i，即 $\hat{G}\phi_i = g_i\phi_i$，此正是算符 $\hat{G}$ 的本征方程，ϕ_i 也是 $\hat{G}$ 的本征函数。由于 $\hat{F}$ 是厄米的，所以其本征函数系 $\{\phi_i\}$ 是完备的，而 $\{\phi_i\}$ 又是 $\hat{G}$ 的本征函数系，所以 $\hat{F}$ 和 $\hat{G}$ 就共有一组完备的本征函数系 $\{\phi_i\}$。

若算符 $\hat{F}$ 属于本征值 f_i 的本征函数 ϕ_i 简并，设简并度为 n，这些简并的本征函数记为 $\phi_{ij}(j = 1, 2, 3, \cdots, n)$，相应本征方程为 $\hat{F}\phi_{ij} = f_i\phi_{ij}$。同样有

$$\hat{F}\hat{G}\phi_{ij} = \hat{G}\hat{F}\phi_{ij} = f_i\hat{G}\phi_{ij}$$

这样,$\hat{G}\phi_{ij}$ 也是 $\hat{F}$ 属于本征值为 f_i 的本征函数,但 f_i 对应的本征函数最多是 n 个,所以 $\hat{G}\phi_{ij}$ 可能是其中之一,更一般的可能是这 n 个 ϕ_{ij} 的线性组合,因此不失一般性,可设 $\hat{G}\phi_{ij} = \sum_{k=1}^{n} c_{jk}\phi_{ik}$。由于这 n 个简并函数 ϕ_{ij} 线性无关,总可以使它们正交归一化,$(\phi_{ij},\phi_{ik}) = \delta_{jk}$。设 $\psi = \sum_{j=1}^{n} a_j\phi_{ij}$,则显然有

$$\hat{F}\psi = f_i\psi$$

$$(\phi_{il}, \hat{G}\phi_{ij}) = \left(\phi_{il}, \sum_{k=1}^{n} c_{jk}\phi_{ik}\right) = \sum_{k=1}^{n} c_{jk}(\phi_{il},\phi_{ik}) = \sum_{k=1}^{n} c_{jk}\delta_{lk} = c_{jl}$$

$$\hat{G}\psi = \hat{G}\sum_{k=1}^{n} a_k\phi_{ik} = \sum_{k=1}^{n} a_k(\hat{G}\phi_{ik}) = \sum_{k=1}^{n}\left(a_k\left[\sum_{l=1}^{n} c_{kl}\phi_{il}\right]\right) = \sum_{k,l=1}^{n} a_k c_{kl}\phi_{il}$$

若能适当选取 ψ 的系数 a_j,使 $\sum_{k,l=1}^{n} a_k c_{kl}\phi_{il} = g\sum_{l=1}^{n} a_l\phi_{il}$,则有 $\hat{G}\psi = g\psi$,从而使 ψ 也成为 $\hat{G}$ 的本征函数。这样做就是要求

$$\sum_{l=1}^{n}\left(\sum_{k=1}^{n} a_k c_{kl} - ga_l\right)\phi_{il} = 0$$

由于 ϕ_{ij} 线性无关,也就是要求

$$\sum_{k=1}^{n} a_k c_{kl} - ga_l = 0$$

改写成

$$\sum_{k=1}^{n}(a_k c_{kl} - ga_k\delta_{kl}) = \sum_{k=1}^{n}(c_{kl} - g\delta_{kl})a_k = 0$$

这是一个关于 a_k 的线性齐次方程组(n 元 n 个齐次方程),a_k 有非 0 解的条件是其 $n\times n$ 的系数行列式满足

$$\det|c_{kl} - g\delta_{kl}| = 0$$

这是一个关于 g 的 n 次幂代数方程,且由于 $\hat{G}$ 是厄米的,故 g 为实数,由线性代数的知识可知这个 n 次代数方程的根是存在的。求解此方程可得到 n 个 g 的解(可包括重根),记为 g_{ij},然后代入齐次方程求出对应的 n 个系数 a_k,记为 a_{jk}。由此产生 n 个 ψ,也记为 ψ_{ij}(下标分别表示对应 $\hat{F}$ 的第 i 个本征值 f_i 和属于 f_i 的第 j 个本征函数),且满足

$$\hat{F}\psi_{ij} = f_i\psi_{ij}; \hat{G}\psi_{ij} = g_{ij}\psi_{ij} \qquad (j = 1,2,3,\cdots,n)$$

由此,ψ_{ij} 就是算符 $\hat{F}$ 和 $\hat{G}$ 的共同本征函数。ψ_{ij} 对 $\hat{F}$ 是简并的,对 $\hat{G}$ 可能简并,也可能部分简并或不简并,这要看 g_{ij} 是否有重根的情况。

这两个定理互为逆定理,也可推广至多个算符相互对易的情况,也就是若一组算符相互对易,则必有共同的完备本征函数系;反之亦然。

3.5.2 不对易情形

若厄米算符 $\hat{F}$ 与 $\hat{G}$ 不对易,可设 $[\hat{F},\hat{G}] = i\hat{R}$。显然,$\hat{R}$ 也是厄米算符,因为

$$\hat{R}^+ = -\frac{1}{i}[\hat{F},\hat{G}]^+ = -\frac{1}{i}((\hat{F}\hat{G})^+ - (\hat{G}\hat{F})^+) = -\frac{1}{i}(\hat{G}^+\hat{F}^+ - \hat{F}^+\hat{G}^+) = \frac{1}{i}[\hat{F},\hat{G}] = \hat{R}$$

设 $\hat{F},\hat{G},\hat{R}$ 在 ψ 态中的期望值分别为 $\overline{F}=(\psi,\hat{F}\psi)$、$\overline{G}=(\psi,\hat{G}\psi)$ 和 $\overline{R}=(\psi,\hat{R}\psi)$，引入均方差算符 $\Delta\hat{F}=\hat{F}-\overline{F}$ 及 $\Delta\hat{G}=\hat{G}-\overline{G}$，显然 $\Delta\hat{F}$ 与 $\Delta\hat{G}$ 也是厄米算符，且有 $[\Delta\hat{F},\Delta\hat{G}]=[\hat{F},\hat{G}]=i\hat{R}$。对任意实数 ξ，引入算符 $\xi\Delta\hat{F}-i\Delta\hat{G}$，则由内积的性质可知

$$((\xi\Delta\hat{F}-i\Delta\hat{G})\psi,(\xi\Delta\hat{F}-i\Delta\hat{G})\psi)\geq 0$$

展开上式左边，可得

$$\xi^2(\Delta\hat{F}\psi,\Delta\hat{F}\psi)-i\xi(\Delta\hat{F}\psi,\Delta\hat{G}\psi)+i\xi(\Delta\hat{G}\psi,\Delta\hat{F}\psi)+(\Delta\hat{G}\psi,\Delta\hat{G}\psi)\geq 0$$

利用算符 $\Delta\hat{F}$ 与 $\Delta\hat{G}$ 的厄米性，不等式改写为

$$\xi^2(\psi,\Delta\hat{F}^2\psi)-i\xi(\psi,\Delta\hat{F}\Delta\hat{G}\psi)+i\xi(\psi,\Delta\hat{G}\Delta\hat{F}\psi)+(\psi,\Delta\hat{G}^2\psi)\geq 0$$

采用对易子 $[\Delta\hat{F},\Delta\hat{G}]$ 合并中间两项，有

$$\xi^2(\psi,\Delta\hat{F}^2\psi)-i\xi(\psi,[\Delta\hat{F},\Delta\hat{G}]\psi)+(\psi,\Delta\hat{G}^2\psi)\geq 0$$

注意，这里为了方便，$\Delta\hat{F}^2$ 是指 $(\Delta\hat{F})^2$，其他表示意思相同。再由 $[\Delta\hat{F},\Delta\hat{G}]=[\hat{F},\hat{G}]=i\hat{R}$，得

$$\xi^2(\psi,\Delta\hat{F}^2\psi)+\xi(\psi,\hat{R}\psi)+(\psi,\Delta\hat{G}^2\psi)\geq 0$$

注意到三项内积分别是 $\Delta\hat{F}^2,\hat{R}$ 与 $\Delta\hat{G}^2$ 在 ψ 态中的期望值，因此不等式又改写为

$$\xi^2\overline{\Delta F^2}+\xi\overline{R}+\overline{\Delta G^2}\geq 0$$

这是一个关于实数 ξ 的一元二次不等式，同时由于厄米性，$\overline{\Delta F^2}$，$\overline{\Delta G^2}$，$\overline{R}$ 均为实数。容易证明，不等式成立的条件是

$$\overline{\Delta F^2}\,\overline{\Delta G^2}\geq \frac{\overline{R}^2}{4} \tag{3.3}$$

由式(3.3)可以看出，若 $\overline{R}$ 不为 0，也就是算符 $\hat{F}$ 与 $\hat{G}$ 不对易，则 $\hat{F}$ 与 $\hat{G}$ 在任意态中的均方差不可能为 0，其乘积始终大于某一正数，称为测不准原理。根据测不准原理，如果两个算符不对易，则不可能有共同的本征函数，因此不可能测得这两个算符的确定值，也就是对这两个算符的同时测量不可能使它们的均方差都为 0。如 $\hat{F}$ 与 $\hat{G}$ 不对易，若 $\hat{F}$ 与 $\hat{G}$ 有共同的本征函数，那么在它们的共同本征函数中对 $\hat{F}$ 与 $\hat{G}$ 同时测量的话，就可得到它们各自确定的本征值，这与测不准原理相悖；换言之，如果 $\hat{F}$ 与 $\hat{G}$ 不对易，则不能同时测得这两个算符的本征值。若 $\hat{F}$ 的均方差为 0，则 $\hat{G}$ 的均方差必然无穷大。

例如：坐标和动量算符满足对易关系 $[\hat{x},\hat{p}]=i\hbar$，这里 $\overline{R}=\hbar$；由测不准原理可知

$$\overline{\Delta x^2}\,\overline{\Delta p^2}\geq \frac{\hbar^2}{4} \quad (有时简写为 \Delta x\cdot\Delta p \sim \frac{\hbar}{2})$$

这说明，粒子的位置与动量具有不确定关系，不能同时准确地测量。如自由粒子，其动量恒定时，坐标却不能确定。从波的角度来理解，就是波在全空间中都有分布，其具体位置就没有意义了，因此测不准原理的根源来自量子力学中的波粒二象性。

[例 3.10]　能量算符 $\hat{E} = i\hbar\dfrac{\partial}{\partial t}$ 与时间算符 $\hat{t}$ 也有 $[\hat{E}, \hat{t}] = i\hbar$，其测不准关系为 $\overline{\Delta t^2}\ \overline{\Delta E^2} \geqslant \dfrac{\hbar^2}{4}$，因此能量与时间也不能同时有确定值。如定态下的谐振子，其能量守恒，具有确定的值，但如果去测量其处于此能级的时间，则是无穷大，因为如果没有外在因素使粒子的状态发生变化，粒子将一直处于测得能量的本征态。

[例 3.11]　设算符 $\hat{F} = \begin{bmatrix} 0 & i \\ -i & 0 \end{bmatrix}$，求其在向量 $|u> = \dfrac{1}{\sqrt{2}}\begin{bmatrix} 1 \\ 1 \end{bmatrix}$ 上的不确定度 $\overline{\Delta F^2}$。

解： $\overline{F} = <u|\hat{F}|u> = \dfrac{1}{\sqrt{2}}\begin{bmatrix} 1 & 1 \end{bmatrix}\begin{bmatrix} 0 & i \\ -i & 0 \end{bmatrix}\dfrac{1}{\sqrt{2}}\begin{bmatrix} 1 \\ 1 \end{bmatrix} = 0$

$\overline{F^2} = <u|\hat{F}^2|u> = \dfrac{1}{\sqrt{2}}\begin{bmatrix} 1 & 1 \end{bmatrix}\begin{bmatrix} 0 & i \\ -i & 0 \end{bmatrix}\begin{bmatrix} 0 & i \\ -i & 0 \end{bmatrix}\dfrac{1}{\sqrt{2}}\begin{bmatrix} 1 \\ 1 \end{bmatrix} = 1$

$\overline{\Delta F^2} = \overline{(\hat{F} - \overline{F})^2} = \overline{F^2} - \hat{F}^2 = 1$

<h1 style="text-align:center">习　题</h1>

3.1　算符 $R(\theta)$ 的作用是将三维直角坐标系绕 z 轴逆时针旋转 θ 度。

(1)试求出此算符的三维矩阵表示；

(2)求出其本征值和本征矢量；

(3)证明此算符不是厄米阵。

3.2　设算符 Ω 的矩阵表示为 $\begin{bmatrix} 0 & -i & 0 \\ i & 0 & -i \\ 0 & i & 0 \end{bmatrix}$，求此算符的本征值和本征矢量。

3.3　设 $\hat{A}, \hat{B}$ 为两个厄米算符，试讨论 $\hat{A}\hat{B}$，$\hat{A}\hat{B} + \hat{B}\hat{A}$，$[\hat{A}, \hat{B}]$ 及 $i[\hat{A}, \hat{B}]$ 的厄米性。

3.4　设 $\hat{A}, \hat{B}$ 为两个厄米算符，证明如果 $[\hat{A}, \hat{B}] = i\hat{C}$，则算符 $\hat{C}$ 也是厄米算符。

3.5　定义算符 $\hat{F}$，对于任意函数 $f(x)$ 有 $\hat{F}f(x) = f^*(x)$，试讨论算符 $\hat{F}$ 的本征值和本征函数的性质。

3.6　设 n 维空间的一组正交归一基为 $|i>$，试证明投影算符 $P_i = |i> <i|$ 具有如下性质：

(1) $\displaystyle\sum_{i=1}^{n} P_i = I$，其中 I 是单位算符；

(2) P_i 是厄米算符；

(3) $P_i P_j = 0, i \neq j$。

3.7　证明 $(\hat{A}\hat{B})^+ = \hat{B}^+\hat{A}^+$。

第 **4** 章
基矢量的变换及矢量、算符的变换

4.1　正交变换

同一矢量在不同的坐标中的表达式不同。例如在二维坐标 x-y 平面上,将 x 轴和 y 轴逆时针转动 θ 角后,得到一个新的坐标平面 x'-y',则同一个矢量 $\vec{r}$ 在 $x-y$ 平面和在 x'-y' 平面上的分量将不同。这种坐标系的转动虽然使矢量的表达式不同,但不改变矢量的模,也就是 $|\vec{r}|$ 在转动中保持不变,属于不变量,则这种类型的坐标变换称为正交变换。将这种概念推广至内积空间,如果坐标变换过程中保持内积不变,则也属于正交变换,在物理上则称为幺正变换。

坐标变换是物理中常用的研究方法,采用正交变换很多时候可以使问题得到简化。量子力学中,矢量和算符的表达方式又称为表象,因此坐标系的变换又称为表象变换。例如,三维空间中惯性参考系的变化就可等效为四维时空坐标系的正交变换。同样,坐标变换的情形也可推广至多维或无穷维矢量空间,只不过此时变换的是矢量空间的基矢量或基函数。

以下虽然讨论的是 n 维空间中的坐标变换,但其结论可以很容易地推广到无穷维情形。

设 n 维空间的两组正交归一完备基分别是 $\{|\phi_i>\}$,$i=1,2,3,\cdots,n$;$\{|\varphi_j>\}$,$j=1,2,3,\cdots,n$。

将基矢量 $|\varphi_j>$ 用基矢量 $|\phi_i>$ 展开,得

$$|\varphi_j> = \sum_{i=1}^{n} S_{ij}|\phi_i> \tag{4.1}$$

其中展开系数 $S_{ij} = <\phi_i|\varphi_j>$。式(4.1)写成矩阵形式为

$$\begin{bmatrix} \varphi_1 \\ \varphi_2 \\ \vdots \\ \varphi_n \end{bmatrix} = \begin{bmatrix} S_{11} & S_{21} & \cdots & S_{n1} \\ S_{12} & S_{22} & \cdots & S_{n2} \\ \vdots & \vdots & \vdots & \vdots \\ S_{1n} & S_{2n} & \cdots & S_{nn} \end{bmatrix} \begin{bmatrix} \phi_1 \\ \phi_2 \\ \vdots \\ \phi_n \end{bmatrix}$$

简记为 $\varphi = \tilde{S}\phi$,矩阵 S 称为变换矩阵,其作用是把基 $|\phi_i>$ 变换到基 $|\varphi_j>$。

左矢形式为 $<\varphi_j| = \left(\sum_{i=1}^{n} S_{ij}|\phi_i>\right)^{+} = \sum_{i=1}^{n} <\phi_i|S_{ij}^{*}$,相应的矩阵形式为

$$[\begin{matrix} \varphi_1^* & \varphi_2^* & \cdots & \varphi_n^* \end{matrix}] = [\begin{matrix} \phi_1^* & \phi_2^* & \cdots & \phi_n^* \end{matrix}] \begin{bmatrix} S_{11}^* & S_{12}^* & \cdots & S_{1n}^* \\ S_{21}^* & S_{22}^* & \cdots & S_{2n}^* \\ \vdots & \vdots & & \vdots \\ S_{n1}^* & S_{n2}^* & \cdots & S_{nn}^* \end{bmatrix}$$

简记为 $\varphi^+ = \phi^+ S^*$。

利用 $| \varphi_j >$、$| \phi_i >$ 的正交归一性 $< \varphi_i | \varphi_j > = \delta_{ij}$、$< \phi_i | \phi_j > = \delta_{ij}$,代入 $| \varphi_j > = \sum_{i=1}^n S_{ij}$ $| \phi_i >$ 后可得

$$< \varphi_i | \varphi_j > = \left(\sum_{k=1}^n < \phi_k | S_{ki}^* \right) \left(\sum_{l=1}^n S_{lj} | \phi_l > \right) = \sum_{k,l=1}^n S_{ki}^* S_{lj} < \phi_k | \phi_l > = \sum_{k,l=1}^n S_{ki}^* S_{lj} \delta_{kl}$$

$$= \sum_{k=1}^n S_{ki}^* S_{kj} = \sum_{k,l=1}^n (S_{ik})^+ S_{kj} = (S^+ S)_{ij} = \delta_{ij}$$

写成矩阵形式

$$S^+ S = I \tag{4.2}$$

表明转换矩阵 S 是幺正矩阵。其中,I 是单位阵;$S^+ = \tilde{S}^*$ 是 S 的共轭矩阵(复共轭加转置)。

由逆矩阵的概念可知 $S^+ = S^{-1}$,由此 $SS^+ = I$。幺正矩阵一般不是厄米矩阵,因为 $S^+ = S^{-1}$ 一般与 $S^+ = S$ 不同。

4.2　矢量的变换

仍设 n 维空间的两组正交归一完备基是 $| \varphi_j >$、$| \phi_i >$,则对任一矢量 $| u >$ 可以有两种展开式:

以 $| \phi_i >$ 为基

$$| u > = \sum_{i=1}^n a_i | \phi_i >$$

以 $| \varphi_j >$ 为基

$$| u > = \sum_{j=1}^n b_j | \varphi_j >$$

则矢量 $| u >$ 在两个基上对应的矩阵形式是:

以 $| \phi_i >$ 为基

$$a = \begin{bmatrix} a_1 \\ a_2 \\ \vdots \\ a_n \end{bmatrix}$$

以 $| \varphi_j >$ 为基

$$b = \begin{bmatrix} b_1 \\ b_2 \\ \vdots \\ b_n \end{bmatrix}$$

为了得到系数 a_i 和 b_j 之间的关系,考虑内积 $<\varphi_k \mid u>$,并代入 $\mid u> = \sum_{j=1}^{n} b_j \mid \varphi_j>$,可得

$$<\varphi_k \mid u> = <\varphi_k \mid \left(\sum_{j=1}^{n} b_j \mid \varphi_j> \right) = \sum_{j=1}^{n} b_j <\varphi_k \mid \varphi_j> = \sum_{j=1}^{n} b_j \delta_{jk} = b_k$$

代入 $\mid u> = \sum_{i=1}^{n} a_i \mid \phi_i>$,得

$$<\varphi_k \mid u> = <\varphi_k \mid \left(\sum_{i=1}^{n} a_i \mid \phi_i> \right) = \sum_{i=1}^{n} a_i <\varphi_k \mid \phi_i>$$

$$= \sum_{i=1}^{n} a_i (<\phi_i \mid \varphi_k>)^* = \sum_{i=1}^{n} a_i S_{ik}^* = \sum_{i=1}^{n} S_{ik}^* a_i$$

上式中应用了变换矩阵元的计算公式 $S_{ij} = <\phi_i \mid \varphi_j>$。因此

$$b_k = \sum_{i=1}^{n} S_{ik}^* a_i = \sum_{i=1}^{n} (S^+)_{ki} a_i$$

也就是

$$b = S^+ a = S^{-1} a \tag{4.3}$$

这就是同一矢量 $\mid u>$ 在不同基(也就是不同坐标系中)的变换关系,其矩阵形式为

$$\begin{bmatrix} b_1 \\ b_2 \\ \vdots \\ b_n \end{bmatrix} = \begin{bmatrix} S_{11}^* & S_{21}^* & \cdots & S_{n1}^* \\ S_{12}^* & S_{22}^* & \cdots & S_{n2}^* \\ \vdots & \vdots & & \vdots \\ S_{1n}^* & S_{2n}^* & \cdots & S_{nn}^* \end{bmatrix} \begin{bmatrix} a_1 \\ a_2 \\ \vdots \\ a_n \end{bmatrix}$$

4.3　算符的变换

前面已经讲过,算符在基矢量确定的情况下可以表示为相应的矩阵形式。当基矢量变换后,算符的矩阵也会产生变换。下面就来讨论这种算符在坐标变换时的变换公式。

仍以 $\mid \varphi_j>$、$\mid \phi_i>$ 为 n 维空间的两组正交归一完备基,则算符 $\hat{F}$ 在以 $\mid \phi_i>$ 为基时的矩阵元为 $F_{ij} = <\phi_i \mid \hat{F} \mid \phi_j>$;以 $\mid \varphi_j>$ 为基时的矩阵元为 $F'_{ij} = <\varphi_i \mid \hat{F} \mid \varphi_j>$。代入 $\mid \varphi_j> = \sum_{i=1}^{n} S_{ij} \mid \phi_i>$,得

$$F'_{ij} = <\varphi_i \mid \hat{F} \mid \varphi_j> = \left(\sum_{k=1}^{n} <\phi_k \mid S_{ki}^* \right) \hat{F} \left(\sum_{l=1}^{n} S_{lj} \mid \phi_l> \right) = \sum_{k,l=1}^{n} S_{ki}^* S_{lj} <\phi_k \mid \hat{F} \mid \phi_l>$$

$$= \sum_{k,l=1}^{n} S_{ki}^* S_{lj} F_{kl} = \sum_{k,l=1}^{n} S_{ki}^* F_{kl} S_{lj} = \sum_{k,l=1}^{n} S_{ik}^+ F_{kl} S_{lj} = (S^+ F S)_{ij}$$

简写为

$$F' = S^+ F S \tag{4.4}$$

写成矩阵形式为

$$
\begin{bmatrix}
F'_{11} & F'_{12} & \cdots & F'_{1n} \\
F'_{21} & F'_{22} & \cdots & F'_{2n} \\
\vdots & \vdots & & \vdots \\
F'_{n1} & F'_{n2} & \cdots & F'_{nn}
\end{bmatrix}
=
\begin{bmatrix}
S^*_{11} & S^*_{21} & \cdots & S^*_{n1} \\
S^*_{12} & S^*_{22} & \cdots & S^*_{n2} \\
\vdots & \vdots & & \vdots \\
S^*_{1n} & S^*_{2n} & \cdots & S^*_{nn}
\end{bmatrix}
\begin{bmatrix}
F_{11} & F_{12} & \cdots & F_{1n} \\
F_{21} & F_{22} & \cdots & F_{2n} \\
\vdots & \vdots & & \vdots \\
F_{n1} & F_{n2} & \cdots & F_{nn}
\end{bmatrix}
\begin{bmatrix}
S_{11} & S_{12} & \cdots & S_{1n} \\
S_{21} & S_{22} & \cdots & S_{2n} \\
\vdots & \vdots & & \vdots \\
S_{n1} & S_{n2} & \cdots & S_{nn}
\end{bmatrix}
$$

[例4.1] 设三维矢量空间中的两组正交归一基为 $|e_1> = \begin{bmatrix} 1 \\ 0 \\ 0 \end{bmatrix}$，$|e_2> = \dfrac{1}{\sqrt{2}}\begin{bmatrix} 0 \\ 1 \\ -1 \end{bmatrix}$，

$|e_3> = \dfrac{1}{\sqrt{2}}\begin{bmatrix} 0 \\ 1 \\ 1 \end{bmatrix}$；$|g_1> = \dfrac{1}{\sqrt{2}}\begin{bmatrix} 1 \\ 1 \\ 0 \end{bmatrix}$，$|g_2> = \dfrac{1}{\sqrt{3}}\begin{bmatrix} 1 \\ -1 \\ 1 \end{bmatrix}$，$|g_3> = \sqrt{\dfrac{2}{3}}\begin{bmatrix} 1/2 \\ -1/2 \\ -1 \end{bmatrix}$；另有矢量 $|r> =$

$\begin{bmatrix} 3 \\ 2 \\ 5 \end{bmatrix}$。试求：

（1）由 $|g_i>$ 转换成 $|e_i>$ 的变换矩阵 S 并验证 $S^+ S = I$；

（2）矢量 $|r>$ 在两组基上的展开式，并写出矩阵转换表达式。

解：（1）把 $|g_i>$ 转换成 $|e_i>$ 要求通过 S 阵把 $|g_i>$ 表示成 $|e_i>$，$|e_i> = \sum_{j=1}^{3} S_{ji} |g_j>$，

其展开系数就构成变换矩阵。由 $S_{ij} = <g_i | e_j>$，可计算如下：

$$S_{11} = <g_1 | e_1> = \frac{1}{\sqrt{2}}\begin{bmatrix} 1 & 1 & 0 \end{bmatrix}\begin{bmatrix} 1 \\ 0 \\ 0 \end{bmatrix} = \frac{1}{\sqrt{2}}$$

$$S_{12} = <g_1 | e_2> = \frac{1}{\sqrt{2}}\begin{bmatrix} 1 & 1 & 0 \end{bmatrix}\frac{1}{\sqrt{2}}\begin{bmatrix} 0 \\ 1 \\ -1 \end{bmatrix} = \frac{1}{2}$$

$$S_{13} = <g_1 | e_3> = \frac{1}{\sqrt{2}}\begin{bmatrix} 1 & 1 & 0 \end{bmatrix}\frac{1}{\sqrt{2}}\begin{bmatrix} 0 \\ 1 \\ 1 \end{bmatrix} = \frac{1}{2}$$

$$S_{21} = <g_2 | e_1> = \frac{1}{\sqrt{3}}\begin{bmatrix} 1 & -1 & 1 \end{bmatrix}\begin{bmatrix} 1 \\ 0 \\ 0 \end{bmatrix} = \frac{1}{\sqrt{3}}$$

$$S_{22} = <g_2 | e_2> = \frac{1}{\sqrt{3}}\begin{bmatrix} 1 & -1 & 1 \end{bmatrix}\frac{1}{\sqrt{2}}\begin{bmatrix} 0 \\ 1 \\ -1 \end{bmatrix} = -\sqrt{\frac{2}{3}}$$

$$S_{23} = <g_2 | e_3> = \frac{1}{\sqrt{3}}\begin{bmatrix} 1 & -1 & 1 \end{bmatrix}\frac{1}{\sqrt{2}}\begin{bmatrix} 0 \\ 1 \\ 1 \end{bmatrix} = 0$$

$$S_{31} = <g_3 \mid e_1> = \sqrt{\frac{2}{3}} \begin{bmatrix} \frac{1}{2} & -\frac{1}{2} & -1 \end{bmatrix} \begin{bmatrix} 1 \\ 0 \\ 0 \end{bmatrix} = \frac{1}{\sqrt{6}}$$

$$S_{32} = <g_3 \mid e_2> = \sqrt{\frac{2}{3}} \begin{bmatrix} \frac{1}{2} & -\frac{1}{2} & -1 \end{bmatrix} \frac{1}{\sqrt{2}} \begin{bmatrix} 0 \\ 1 \\ -1 \end{bmatrix} = \frac{1}{2\sqrt{3}}$$

$$S_{33} = <g_3 \mid e_3> = \sqrt{\frac{2}{3}} \begin{bmatrix} \frac{1}{2} & -\frac{1}{2} & -1 \end{bmatrix} \frac{1}{\sqrt{2}} \begin{bmatrix} 0 \\ 1 \\ 1 \end{bmatrix} = -\frac{\sqrt{3}}{2}$$

$$S = \begin{bmatrix} S_{11} & S_{12} & S_{13} \\ S_{21} & S_{22} & S_{23} \\ S_{31} & S_{32} & S_{33} \end{bmatrix} = \begin{bmatrix} \frac{1}{\sqrt{2}} & \frac{1}{2} & \frac{1}{2} \\ \frac{1}{\sqrt{3}} & -\sqrt{\frac{2}{3}} & 0 \\ \frac{1}{\sqrt{6}} & \frac{1}{2\sqrt{3}} & -\frac{\sqrt{3}}{2} \end{bmatrix}$$

由于 S 是实数矩阵，显然有 $S^+ = S^T$。

$$S^+ S = \begin{bmatrix} \frac{1}{\sqrt{2}} & \frac{1}{\sqrt{3}} & \frac{1}{\sqrt{6}} \\ \frac{1}{2} & -\sqrt{\frac{2}{3}} & \frac{1}{2\sqrt{3}} \\ \frac{1}{2} & 0 & -\frac{\sqrt{3}}{2} \end{bmatrix} \begin{bmatrix} \frac{1}{\sqrt{2}} & \frac{1}{2} & \frac{1}{2} \\ \frac{1}{\sqrt{3}} & -\sqrt{\frac{2}{3}} & 0 \\ \frac{1}{\sqrt{6}} & \frac{1}{2\sqrt{3}} & -\frac{\sqrt{3}}{2} \end{bmatrix} = \begin{bmatrix} 1 & 0 & 0 \\ 0 & 1 & 0 \\ 0 & 0 & 1 \end{bmatrix}$$

（2）$\mid r> = \begin{bmatrix} 3 \\ 2 \\ 5 \end{bmatrix}$，以 $\mid e_i>$ 为基时，有 $\mid r> = \sum_{i=1}^{3} a_i \mid e_i>$，$a_i = <e_i \mid r>$，这样

$$a_1 = <e_1 \mid r> = \begin{bmatrix} 1 & 0 & 0 \end{bmatrix} \begin{bmatrix} 3 \\ 2 \\ 5 \end{bmatrix} = 3$$

$$a_2 = <e_2 \mid r> = \frac{1}{\sqrt{2}} \begin{bmatrix} 0 & 1 & -1 \end{bmatrix} \begin{bmatrix} 3 \\ 2 \\ 5 \end{bmatrix} = -\frac{3}{\sqrt{2}}$$

$$a_3 = <e_3 \mid r> = \frac{1}{\sqrt{2}} \begin{bmatrix} 0 & 1 & 1 \end{bmatrix} \begin{bmatrix} 3 \\ 2 \\ 5 \end{bmatrix} = \frac{7}{\sqrt{2}}$$

所以，以 $\mid e_i>$ 为基时，$\mid r> = \sum_{i=1}^{3} a_i \mid e_i> = 3 \mid e_1> - \frac{3}{\sqrt{2}} \mid e_2> + \frac{7}{\sqrt{2}} \mid e_3>$，矢量 $\mid r>$ 的

矩阵式为 $a = \begin{bmatrix} 3 \\ -\dfrac{3}{\sqrt{2}} \\ \dfrac{7}{\sqrt{2}} \end{bmatrix}$;

以 $|g_i>$ 为基时,$|r> = \sum\limits_{i=1}^{3} b_i |g_i>$,$b_i = <g_i|r>$,容易算出 $b_1 = \dfrac{5}{\sqrt{2}}$、$b_2 = 2\sqrt{3}$、$b_3 =$ $-\dfrac{9}{\sqrt{6}}$,此时 $|r> = \sum\limits_{i=1}^{3} b_i |g_i> = \dfrac{5}{\sqrt{2}} |g_1> + 2\sqrt{3} |g_2> - \dfrac{9}{\sqrt{6}} |g_3>$,矢量 $|r>$ 的矩阵式为 $b =$ $\begin{bmatrix} \dfrac{5}{\sqrt{2}} \\ 2\sqrt{3} \\ -\dfrac{9}{\sqrt{6}} \end{bmatrix}$。

显然,如前所述,矢量 $|r>$ 的矩阵表达式在不同的基上是不同的,它们的转换关系为 $a = S^+ b$,用矩阵表示为

$$\begin{bmatrix} 3 \\ -\dfrac{3}{\sqrt{2}} \\ \dfrac{7}{\sqrt{2}} \end{bmatrix} = \begin{bmatrix} \dfrac{1}{\sqrt{2}} & \dfrac{1}{\sqrt{3}} & \dfrac{1}{\sqrt{6}} \\ \dfrac{1}{2} & -\sqrt{\dfrac{2}{3}} & \dfrac{1}{2\sqrt{3}} \\ \dfrac{1}{2} & 0 & -\dfrac{\sqrt{3}}{2} \end{bmatrix} \begin{bmatrix} \dfrac{5}{\sqrt{2}} \\ 2\sqrt{3} \\ -\dfrac{9}{\sqrt{6}} \end{bmatrix}$$

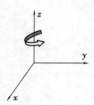

图 4.1 三维坐标系绕 z 轴旋转

[例 4.2] 设算符 $\hat{R}\left(\dfrac{\pi}{2}\right)$ 的作用是将三维空间坐标以 z 轴为转轴把坐标系进行逆时针旋转 90°的操作。仍以上例中的 $|g_i>$、$|e_i>$ 为基,试计算算符 $\hat{R}\left(\dfrac{\pi}{2}\right)$ 的矩阵表示,并验证 $R' = S^+ R S$。

解: 在 $|g_i>$、$|e_i>$ 为基构成的三维坐标系中,取由 $|g_1>$、$|g_2>$、$|g_3>$ 构成右手坐标系;对 $|e_i>$ 也同样假定。

如图 4.1 所示,设三维坐标系中的三个基矢量为 $|x>$、$|y>$ 和 $|z>$。

由算符 $\hat{R}\left(\dfrac{\pi}{2}\right)$ 的定义可知,$|z>$ 在 $\hat{R}\left(\dfrac{\pi}{2}\right)$ 的作用下保持不变:

$$\hat{R}\left(\dfrac{\pi}{2}\right) |z> = |z>$$

其他变化则是

$$\hat{R}\left(\dfrac{\pi}{2}\right) |x> = |y>, \hat{R}\left(\dfrac{\pi}{2}\right) |y> = -|x>$$

若取 $|x> = \begin{bmatrix} 1 \\ 0 \\ 0 \end{bmatrix}$、$|y> = \begin{bmatrix} 0 \\ 1 \\ 0 \end{bmatrix}$、$|z> = \begin{bmatrix} 0 \\ 0 \\ 1 \end{bmatrix}$，易知 $R = \begin{bmatrix} 0 & -1 & 0 \\ 1 & 0 & 0 \\ 0 & 0 & 1 \end{bmatrix}$。

下面计算以 $|g_i>$ 为基时 $\hat{R}\left(\dfrac{\pi}{2}\right)$ 的矩阵元：

$$R_{11} = <g_1|\hat{R}|g_1> = \frac{1}{\sqrt{2}}\begin{bmatrix} 1 & 1 & 0 \end{bmatrix}\begin{bmatrix} 0 & -1 & 0 \\ 1 & 0 & 0 \\ 0 & 0 & 1 \end{bmatrix}\frac{1}{\sqrt{2}}\begin{bmatrix} 1 \\ 1 \\ 0 \end{bmatrix} = 0$$

$$R_{12} = <g_1|\hat{R}|g_2> = \frac{1}{\sqrt{2}}\begin{bmatrix} 1 & 1 & 0 \end{bmatrix}\begin{bmatrix} 0 & -1 & 0 \\ 1 & 0 & 0 \\ 0 & 0 & 1 \end{bmatrix}\frac{1}{\sqrt{3}}\begin{bmatrix} 1 \\ -1 \\ 1 \end{bmatrix} = \sqrt{\frac{2}{3}}$$

$$R_{13} = <g_1|\hat{R}|g_3> = \frac{1}{\sqrt{2}}\begin{bmatrix} 1 & 1 & 0 \end{bmatrix}\begin{bmatrix} 0 & -1 & 0 \\ 1 & 0 & 0 \\ 0 & 0 & 1 \end{bmatrix}\sqrt{\frac{2}{3}}\begin{bmatrix} 1/2 \\ -1/2 \\ -1 \end{bmatrix} = \frac{1}{\sqrt{3}}$$

同理可计算出：

$$R_{21} = <g_2|\hat{R}|g_1> = -\sqrt{\frac{2}{3}}$$

$$R_{22} = <g_2|\hat{R}|g_2> = \frac{1}{3}$$

$$R_{23} = <g_2|\hat{R}|g_3> = -\frac{\sqrt{2}}{3}$$

$$R_{31} = <g_3|\hat{R}|g_1> = -\frac{1}{\sqrt{3}}$$

$$R_{32} = <g_3|\hat{R}|g_2> = -\frac{\sqrt{2}}{3}$$

$$R_{33} = <g_3|\hat{R}|g_3> = \frac{2}{3}$$

所以算符 $\hat{R}\left(\dfrac{\pi}{2}\right)$ 在以 $|g_i>$ 为基时的矩阵形式是

$$R_g = \begin{bmatrix} 0 & \sqrt{\dfrac{2}{3}} & \dfrac{1}{\sqrt{3}} \\ -\sqrt{\dfrac{2}{3}} & \dfrac{1}{3} & -\dfrac{\sqrt{2}}{3} \\ -\dfrac{1}{\sqrt{3}} & -\dfrac{\sqrt{2}}{3} & \dfrac{2}{3} \end{bmatrix}$$

同理可计算出以 $|e_i>$ 为基时的矩阵

$$R_e = \begin{bmatrix} 0 & -\dfrac{1}{\sqrt{2}} & -\dfrac{1}{\sqrt{2}} \\ \dfrac{1}{\sqrt{2}} & \dfrac{1}{2} & -\dfrac{1}{2} \\ \dfrac{1}{\sqrt{2}} & -\dfrac{1}{2} & \dfrac{1}{2} \end{bmatrix}$$

$$S^+ R_g S = \begin{bmatrix} \dfrac{1}{\sqrt{2}} & \dfrac{1}{\sqrt{3}} & \dfrac{1}{\sqrt{6}} \\ \dfrac{1}{2} & -\sqrt{\dfrac{2}{3}} & \dfrac{1}{2\sqrt{3}} \\ \dfrac{1}{2} & 0 & -\dfrac{\sqrt{3}}{2} \end{bmatrix} \begin{bmatrix} 0 & \sqrt{\dfrac{2}{3}} & \dfrac{1}{\sqrt{3}} \\ -\sqrt{\dfrac{2}{3}} & \dfrac{1}{3} & -\dfrac{\sqrt{2}}{3} \\ -\dfrac{1}{\sqrt{3}} & -\dfrac{\sqrt{2}}{3} & \dfrac{2}{3} \end{bmatrix} \begin{bmatrix} \dfrac{1}{\sqrt{2}} & \dfrac{1}{2} & \dfrac{1}{2} \\ \dfrac{1}{\sqrt{3}} & -\sqrt{\dfrac{2}{3}} & 0 \\ \dfrac{1}{\sqrt{6}} & \dfrac{1}{2\sqrt{3}} & -\dfrac{\sqrt{3}}{2} \end{bmatrix}$$

$$= \begin{bmatrix} 0 & -\dfrac{1}{\sqrt{2}} & -\dfrac{1}{\sqrt{2}} \\ \dfrac{1}{\sqrt{2}} & \dfrac{1}{2} & -\dfrac{1}{2} \\ \dfrac{1}{\sqrt{2}} & -\dfrac{1}{2} & \dfrac{1}{2} \end{bmatrix} = R_e$$

4.4 幺正变换的主要性质

性质①:幺正变换不改变算符的本征值。

设算符的本征方程为 $\hat{F}|u> = \lambda|u>$,取 $|\phi_i>$、$|\varphi_j>$ 为基,$|u> = \sum\limits_{i=1}^{n} a_i|\phi_i>$,$|u> = \sum\limits_{j=1}^{n} b_j|\varphi_j>$,$|u>$ 的矩阵分别表示为 a,b,算符 $\hat{F}$ 的矩阵为 F,F'。在以 $|\phi_i>$ 为基时,本征方程可表示为

$$\hat{F}a = \lambda a$$

由 $b = S^+ a = S^{-1} a$,可知 $a = Sb$,代入得

$$\hat{F}Sb = \lambda Sb$$

上式两边左乘 S^+

$$S^+ \hat{F}Sb = \lambda S^+ Sb$$

由 $F' = S^+ FS$ 及 $S^+ S = I$ 可知:

$$\hat{F}'b = \lambda b$$

此正是算符 $\hat{F}$ 以 $|\varphi_j>$ 为基时的本征方程的表示,其本征值仍然为 λ。

性质②:幺正变换不改变矩阵的迹。

由于 $F' = S^+ F S$，则 $Tr(F') = Tr(S^+ FS) = Tr(S^+ SF) = Tr(F)$，也就是迹不变。

4.5　矩阵的对角化

在幺正变换中，虽然本征值不变，但 $\hat{F}$ 及 $|u>$ 在以 $|\phi_i>$、$\varphi_j>$ 为基时的矩阵表示是不同的。由于算符的本征值在幺正变换中保持不变，所以很自然的一个想法是在求本征值的时候，能否通过适当的幺正变换使求解过程简化。

设算符 $\hat{F}$ 的本征值和本征矢为 f_i、$|f_i>$，则本征方程为

$$\hat{F}|f_i> = f_i|f_i>$$

若取 $|f_i>$ 为基矢量（当然要求 $|f_i>$ 是正交归一完备的），则算符 $\hat{F}$ 的矩阵元为

$$F_{ij} = <f_i|\hat{F}|f_j> = f_j <f_i|f_j> = f_j \delta_{ij} \tag{4.5}$$

上式表明，$\hat{F}$ 的矩阵元只有在 $i=j$ 时不为零，也就是对角线上的元素不为 0，且其大小就是本征值。因此得到一个很重要的给论：**若取算符自身的本征矢量作为基时，算符是一个对角矩阵，其对角线上的元素就是该算符的本征值；或者简单地说，一个算符在自身的表象中是对角阵，对角线上的各元素就是其本征值。**

这样，求算符的本征值的问题就可利用幺正变换将算符的矩阵化为对角阵，也就是找出一个幺正变换恰好能把算符的矩阵对角化（也可理解为把原来的基转化成以算符的本征矢量为基）。或者找出算符的本征函数系并以此为基，从而算符的矩阵自然是对角阵。

设 n 维空间的一组正交归一基是 $|e_i>$，算符 $\hat{F}$ 在基 $|e_i>$ 上的矩阵记为 F^e，其矩阵元就是 $F^e_{ij} = <e_i|\hat{F}|e_j>$，算符的本征方程为 $\hat{F}|f_i> = f_i|f_i>$，本征矢 $|f_i>$ 是正交归一化的，其在基 $|e_i>$ 上的展开式是 $|f_i> = \sum_{i=1}^{n} S_{ki}|e_k>$（注意：此式即为把基 $|e_i>$ 转换成基 $|f_i>$ 的表达式，展开系数 S_{ki} 构成的矩阵 S 就是变换矩阵）；$\hat{F}$ 若以 $|f_i>$ 为基，其相应的矩阵记为 F，其矩阵元就是 $F_{ij} = <f_i|\hat{F}|f_j>$，由此可知道，$F$ 是以本征值 f_i 为对角线上元素的对角矩阵。

下面讨论 F^e，F 及 S 之间的关系。

由于 $F_{ij} = <f_i|\hat{F}|f_j>$，代入 $|f_i> = \sum_{i=1}^{n} S_{ki}|e_k>$，可得

$$F_{ij} = \left(\sum_{k=1}^{n} <e_k|S^*_{ki} \right) \hat{F} \left(\sum_{l=1}^{n} S_{lj}|e_l> \right) = \sum_{k,l=1}^{n} S^*_{ki} S_{lj} <e_k|\hat{F}|e_l> = \sum_{k,l=1}^{n} S^*_{ki} S_{lj} F^e_{kl}$$

$$= \sum_{k,l=1}^{n} S^*_{ki} F^e_{kl} S_{lj} = \sum_{k,l=1}^{n} (S^+)_{ik} F^e_{kl} S_{lj} = (S^+ F^e S)_{ij} \tag{4.6}$$

表明 $F = S^+ F^e S$。由于 F 是对角阵，所以 $S^+ F^e S$ 也是相同的对角阵，从而利用 S 就可以把在基 $|e_i>$ 上得到的非对角阵 F^e 对角化。由于 S 是本征矢量 $|f_i>$ 在基 $|e_i>$ 上的展开系数构成的矩阵，S 矩阵的第 i 列构成的列阵就是 $|f_i>$ 在 $|e_i>$ 上的表达式。试比较如下的矩阵表达式：

$$S = \begin{bmatrix} S_{11} & S_{12} & \cdots & S_{1i} & \cdots & S_{1n} \\ S_{21} & S_{22} & \cdots & S_{2i} & \cdots & S_{2n} \\ \vdots & \vdots & & \vdots & & \vdots \\ S_{n1} & S_{n2} & \cdots & S_{ni} & \cdots & S_{nn} \end{bmatrix}$$

$$|f_i> = \begin{bmatrix} S_{1i} \\ S_{2i} \\ \vdots \\ S_{ni} \end{bmatrix} \Rightarrow S = [\ |f_1>\quad |f_2>\quad \cdots\quad |f_n>\ ]$$

因此,在实际的矩阵对角化计算中,无须关心原来的基是什么,只要将算符的本征矢量求出来,然后把这些本征矢量按行依次排起来就得到一个变换矩阵 S,再由 $S^+ F^e S$ 就可得到对角矩阵 F。

[**例** 4.3] 角动量 $\hat{L}$ 在 y 轴上的投影算符的矩阵是 $L_y = \dfrac{\hbar}{\sqrt{2}} \begin{bmatrix} 0 & -i & 0 \\ i & 0 & -i \\ 0 & i & 0 \end{bmatrix}$,试将其对

角化。

解:如前所述,要实现对角化,先要求得变换矩阵。而要得到变换矩阵,先要求出 $\hat{L}_y$ 的本征矢量。

设 $\hat{L}_y$ 的本征矢量为 $|\lambda>$,本征值为 λ,则本征方程为 $\hat{L}_y|\lambda> = \lambda|\lambda>$,写成矩阵形式:

$$\frac{\hbar}{\sqrt{2}} \begin{bmatrix} 0 & -i & 0 \\ i & 0 & -i \\ 0 & i & 0 \end{bmatrix} \begin{bmatrix} a \\ b \\ c \end{bmatrix} = \lambda \begin{bmatrix} a \\ b \\ c \end{bmatrix}$$

其中 $|\lambda> = \begin{bmatrix} a \\ b \\ c \end{bmatrix}$,$a,b,c$ 是待定系数。

$$\left(\frac{\hbar}{\sqrt{2}} \begin{bmatrix} 0 & -i & 0 \\ i & 0 & -i \\ 0 & i & 0 \end{bmatrix} - \lambda \begin{bmatrix} 1 & 0 & 0 \\ 0 & 1 & 0 \\ 0 & 0 & 1 \end{bmatrix} \right) \begin{bmatrix} a \\ b \\ c \end{bmatrix} = 0$$

$$\begin{bmatrix} -\lambda & -i\dfrac{\hbar}{\sqrt{2}} & 0 \\ i\dfrac{\hbar}{\sqrt{2}} & -\lambda & -i\dfrac{\hbar}{\sqrt{2}} \\ 0 & i\dfrac{\hbar}{\sqrt{2}} & -\lambda \end{bmatrix} \begin{bmatrix} a \\ b \\ c \end{bmatrix} = 0$$

a,b,c 有非 0 解的条件是

$$\begin{vmatrix} -\lambda & -\mathrm{i}\dfrac{\hbar}{\sqrt{2}} & 0 \\[3mm] \mathrm{i}\dfrac{\hbar}{\sqrt{2}} & -\lambda & -\mathrm{i}\dfrac{\hbar}{\sqrt{2}} \\[3mm] 0 & \mathrm{i}\dfrac{\hbar}{\sqrt{2}} & -\lambda \end{vmatrix} = 0$$

可解得 $\lambda = 0, \pm\hbar$。由此可知，$\hat{L}_y$ 的本征值有 3 个。分别把这 3 个本征值代回本征方程，可求出对应的本征矢量。

（1）当 $\lambda = 0$ 时，

$$\frac{\hbar}{\sqrt{2}} \begin{bmatrix} 0 & -\mathrm{i} & 0 \\ \mathrm{i} & 0 & -\mathrm{i} \\ 0 & \mathrm{i} & 0 \end{bmatrix} \begin{bmatrix} a \\ b \\ c \end{bmatrix} = 0 \Rightarrow b = 0$$

$a = b$ 可取任意值。此时 $|0> = \begin{bmatrix} a \\ 0 \\ a \end{bmatrix}$，由归一化条件 $<0|0> = 1 \Rightarrow a = \dfrac{1}{\sqrt{2}}$。由此当 $\lambda = 0$ 时

的归一化本征矢量 $|0> = \dfrac{1}{\sqrt{2}} \begin{bmatrix} 1 \\ 0 \\ 1 \end{bmatrix}$。

（2）当 $\lambda = \hbar$ 时，

$$\frac{\hbar}{\sqrt{2}} \begin{bmatrix} 0 & -\mathrm{i} & 0 \\ \mathrm{i} & 0 & -\mathrm{i} \\ 0 & \mathrm{i} & 0 \end{bmatrix} \begin{bmatrix} a \\ b \\ c \end{bmatrix} = \hbar \begin{bmatrix} a \\ b \\ c \end{bmatrix} \Rightarrow \begin{bmatrix} -1 & -\dfrac{\mathrm{i}}{\sqrt{2}} & 0 \\[3mm] \dfrac{\mathrm{i}}{\sqrt{2}} & -1 & -\dfrac{\mathrm{i}}{\sqrt{2}} \\[3mm] 0 & \dfrac{\mathrm{i}}{\sqrt{2}} & -1 \end{bmatrix} \begin{bmatrix} a \\ b \\ c \end{bmatrix} = 0 \Rightarrow b = \mathrm{i}\sqrt{2}a,$$

$c = -a$，a 可取任意值。此时 $|\hbar> = \begin{bmatrix} a \\ \mathrm{i}\sqrt{2}a \\ -a \end{bmatrix}$。由归一化条件 $<\hbar|\hbar> = 1 \Rightarrow a = \dfrac{1}{2}$。由此

当 $\lambda = \hbar$ 时的归一化本征矢量 $|\hbar> = \dfrac{1}{2} \begin{bmatrix} 1 \\ \mathrm{i}\sqrt{2} \\ -1 \end{bmatrix}$。

（3）当 $\lambda = -\hbar$ 时，$\dfrac{\hbar}{\sqrt{2}} \begin{bmatrix} 0 & -\mathrm{i} & 0 \\ \mathrm{i} & 0 & -\mathrm{i} \\ 0 & \mathrm{i} & 0 \end{bmatrix} \begin{bmatrix} a \\ b \\ c \end{bmatrix} = -\hbar \begin{bmatrix} a \\ b \\ c \end{bmatrix} \Rightarrow \begin{bmatrix} 1 & -\dfrac{\mathrm{i}}{\sqrt{2}} & 0 \\[3mm] \dfrac{\mathrm{i}}{\sqrt{2}} & 1 & -\dfrac{\mathrm{i}}{\sqrt{2}} \\[3mm] 0 & \dfrac{\mathrm{i}}{\sqrt{2}} & 1 \end{bmatrix} \begin{bmatrix} a \\ b \\ c \end{bmatrix} = 0 \Rightarrow a =$

$\dfrac{i}{\sqrt{2}}b, c = -\dfrac{i}{\sqrt{2}}b, b$ 可取任意值。由归一化条件 $< -\hbar \mid -\hbar > = 1$ 可得 $b = \dfrac{1}{\sqrt{2}}$，因此，$\mid -\hbar > =$

$\dfrac{1}{2}\begin{bmatrix} i \\ \sqrt{2} \\ -i \end{bmatrix}$。

可以验证这 3 个本征矢量 $\mid 0 >$、$\mid \hbar >$ 及 $\mid -\hbar >$ 是正交归一化的。把这 3 个矢量按前后顺序排成一行就得到变换矩阵 S：

$$S = \begin{bmatrix} \dfrac{1}{\sqrt{2}} & \dfrac{1}{2} & \dfrac{i}{2} \\ 0 & \dfrac{i}{\sqrt{2}} & \dfrac{1}{\sqrt{2}} \\ \dfrac{1}{\sqrt{2}} & -\dfrac{1}{2} & -\dfrac{i}{2} \end{bmatrix}$$

$$S^{+}L_yS = \begin{bmatrix} \dfrac{1}{\sqrt{2}} & 0 & \dfrac{1}{\sqrt{2}} \\ \dfrac{1}{2} & -\dfrac{i}{\sqrt{2}} & -\dfrac{1}{2} \\ -\dfrac{i}{2} & \dfrac{1}{\sqrt{2}} & \dfrac{i}{2} \end{bmatrix} \left(\dfrac{\hbar}{\sqrt{2}} \begin{bmatrix} 0 & -i & 0 \\ i & 0 & -i \\ 0 & i & 0 \end{bmatrix} \right) \begin{bmatrix} \dfrac{1}{\sqrt{2}} & \dfrac{1}{2} & \dfrac{i}{2} \\ 0 & \dfrac{i}{\sqrt{2}} & \dfrac{1}{\sqrt{2}} \\ \dfrac{1}{\sqrt{2}} & -\dfrac{1}{2} & -\dfrac{i}{2} \end{bmatrix} = \begin{bmatrix} 0 & 0 & 0 \\ 0 & \hbar & 0 \\ 0 & 0 & -\hbar \end{bmatrix}$$

显然,对角化后,对角线上的 3 个值是 3 个本征值,其排列的顺序与构成 S 时所采用的本征矢量的顺序是对应的。

定理 1:若 $[\hat{A}, \hat{B}] = 0$,则算符 $\hat{A}, \hat{B}$ 可同时对角化;反之亦然。

证明:若 $[\hat{A}, \hat{B}] = 0$,则算符 $\hat{A}, \hat{B}$ 必有一组共同的本征函数系 $\phi_i (i = 1, 2, 3, \cdots)$。如前所述,若取 ϕ_i 为基,必能使 $\hat{A}, \hat{B}$ 的矩阵同时对角化;反之,若 $\hat{A}, \hat{B}$ 可同时对角化,设算符 $\hat{A}, \hat{B}$ 对应的矩阵为 A, B,则应当存在一个转换矩阵 S,使 A, B 能同时对角化:

$$S^{+}AS = A_d$$
$$S^{+}BS = B_d$$

由于 A_d, B_d 是对角阵,显然是可交换的,即有

$$A_dB_d = B_dA_d \Rightarrow S^{+}ASS^{+}BS = S^{+}BSS^{+}AS$$

由于 $SS^{+} = I$,故 $S^{+}ABS = S^{+}BAS$,两边左乘 S,右乘 $S^{+} \Rightarrow AB = BA$。也就是算符 $\hat{A}, \hat{B}$ 对应的矩阵是对易的,因而算符 $\hat{A}, \hat{B}$ 也对易的。

4.6 幺正算符

定义 1:若算符 $\hat{R}$ 满足 $\hat{R}^{+}\hat{R} = \hat{I}$,则 $\hat{R}$ 称为幺正算符。

由此定义可以看出,幺正算符就是对矢量进行幺正变换操作的算符。

幺正算符有如下性质：

性质 1：幺正算符的本征值是模为 1 的复数。

证明：设算符 $\hat{R}^+\hat{R}=\hat{I}$，其本征值和本征矢量为 λ_i 和 $|\phi_i>$，则本征方程为 $\hat{R}|\phi_i>=\lambda_i|\phi_i>$。于是

$$(\hat{R}|\phi_i>)^+=<\phi_i|\hat{R}^+=(\lambda_i|\phi_i>)^+=\lambda_i^*<\phi_i|$$

$$<\phi_i|\hat{R}^+R|\phi_i>=<\phi_i|\hat{I}|\phi_i>=<\phi_i|\phi_i>$$

但由于

$$<\phi_i|\hat{R}^+\hat{R}|\phi_i>=(<\phi_i|\hat{R}^+)(\hat{R}|\phi_i>)=\lambda_i^*\lambda_i<\phi_i|\phi_i>$$

所以

$$\lambda_i^*\lambda_i<\phi_i|\phi_i>=<\phi_i|\phi_i>$$

又由于 $<\phi_i|\phi_i>\neq0$，故有 $\lambda_i^*\lambda_i=|\lambda_i|^2=1$ 或 $\lambda_i=\dfrac{1}{\lambda_i^*}$。

例如，前面介绍过的二维坐标旋转算符 $\hat{R}\left(\dfrac{\pi}{2}\right)$ 的本征值是 $\pm i$，有 $|\pm i|=1$。

性质 2：幺正算符不同本征值的本征矢量正交。

证明：在本征方程 $\hat{R}|\phi_i>=\lambda_i|\phi_i>$ 两边同乘 $\hat{R}^+$，得

$$\hat{R}^+\hat{R}|\phi_i>=\lambda_i\hat{R}^+|\phi_i>\Rightarrow\hat{R}^+|\phi_i>=\dfrac{1}{\lambda_i}|\phi_i>$$

表明 $|\phi_i>$ 是 $\hat{R}^+$ 的本征矢量，对应本征值是 $\dfrac{1}{\lambda_i}$。由

$$<\phi_i|\hat{R}|\phi_j>=\lambda_j<\phi_i|\phi_j>$$

同时

$$<\phi_i|\hat{R}|\phi_j>=(<\phi_i|\hat{R})|\phi_j>=(\hat{R}^+|\phi_i>)^+|\phi_j>$$

$$=(\dfrac{1}{\lambda_i}|\phi_i>)^+|\phi_j>=\dfrac{1}{\lambda_i^*}<\phi_i|\phi_j>$$

$$\lambda_j<\phi_i|\phi_j>=\dfrac{1}{\lambda_i^*}<\phi_i|\phi_j>=\lambda_i<\phi_i|\phi_j>$$

由于 $\lambda_i\neq\lambda_j$，故 $<\phi_i|\phi_j>=0$。

习　题

4.1　设算符 Ω 的矩阵表示为 $\begin{bmatrix}1&0&0\\0&0&-1\\0&1&0\end{bmatrix}$；求此算符的本征值和本征矢量，并将其对角化。

4.2　证明如果一个算符的本征值不是实数，则此算符不是厄米算符。

4.3 设 a,b 是实常数,算符 $\hat{A},\hat{B}$ 的矩阵表示分别为 $\begin{bmatrix} a & 0 & 0 \\ 0 & -a & 0 \\ 0 & 0 & -a \end{bmatrix}$、$\begin{bmatrix} b & 0 & 0 \\ 0 & 0 & -ib \\ 0 & ib & 0 \end{bmatrix}$。

(1)验证 $[\hat{A},\hat{B}]=0$;

(2)求 $\hat{A},\hat{B}$ 的本征值;

(3)为 $\hat{A},\hat{B}$ 找到一组正交归一基,使其同时对角化。

4.4 若 $[\hat{A},\hat{B}]=i\hbar$,试计算 $[\hat{A}^2,\hat{B}^2]$;若 $[\hat{A},\hat{B}]=\hat{B}$,$\hat{A}$ 有本征值1,相应本征矢为 $|1>$,求其本征值为2的本征矢。

4.5 在算符 $\hat{A}$ 表象中,算符 $\hat{A}=\begin{bmatrix} 1 & 0 \\ 0 & -1 \end{bmatrix}$,$\hat{B}=\begin{bmatrix} 0 & 1 \\ 1 & 0 \end{bmatrix}$,$\hat{C}=\begin{bmatrix} 0 & -i \\ i & 0 \end{bmatrix}$。求

(1)此3个算符的本征值和在 $\hat{A}$ 表象中的本征矢;

(2)算符 $\hat{B},\hat{C}$ 在 $\hat{B}$ 表象中的矩阵表示;

(3)$\hat{C}$ 的本征矢在 $\hat{B}$ 表象中的表示。

4.6 设 $\hat{A}=\hat{B}+i\hat{C}$,$\hat{B},\hat{C}$ 是厄米算符,且对任意矢量 $|\phi>$,$<\phi|\hat{A}|\phi>$ 是非负实数,即有 $<\phi|\hat{A}|\phi>\geq0$,$\hat{A}$ 称为半正定算符。试证明

(1)$\hat{A}$ 也是厄米算符;

(2)对任意矢量 $|\phi>$ 和 $|\psi>$ 有 $|<\phi|\hat{A}|\psi>|\leq\sqrt{<\phi|\hat{A}|\phi><\psi|\hat{A}|\psi>}$;

(3)若 $\hat{A}$ 相应矩阵的迹为0,也就是 $tr(A)=0$,则 $\hat{A}$ 是零算符。

第 5 章
量子力学的物理基础

量子理论从 20 世纪初期的发展到现在已经成为一个内容宏大的体系,是物理学家迄今为止所建立的最为全面的物理理论体系。它无所不包,大至宏观天体,小至微观粒子,其在科学研究中取得的辉煌成就可以说无出其右者。然而,从量子理论横空出世之日起,成功与困惑就如影随形,这也正符合任何一门学科的发展历程,表明人类对真理的追求是永无止境的。

5.1   量子力学的实验基础

19 世纪末至 20 世纪初期的一些著名的实验标志着以牛顿力学和麦克斯韦电磁场理论为代表的经典物理学退去"终极理论"的光环,触发并奠定了量子力学的基本观念。随之而来的一些更富创意的实验使这些基本观念获得了更宽广的支撑,为量子力学的基本理论框架提供了有力的事实依据。

这些实验在其他地方已有很多的介绍,因此也不必要在此重复,仅举几例,以便回顾。

(1) 揭示出光具有粒子性的实验:黑体辐射、光电效应、Compton 散射

黑体辐射问题得以最终解决的一个核心思想是电磁场能量分立化,也就是量子化。Planck 通过引入"能量子"的概念,假设黑体空腔中电磁波振子的振动能量只能与其振动频率成正比(比例系数就是 h,称为 Planck 常数),因此在它们交换能量时也只能一份一份地交换。Planck 通过这个无奈的假设得到的黑体辐射公式竟然能与已知的全部数据吻合,不能不说冥冥之中自有天意。

光电效应是 1887 年由 Hertz 发现,并由 Millikan 系统研究得出的实验规律。这个规律有 3 点是经典物理学理论无法解释的:第一是逸出电子的最大动能与入射光强无关;第二是电子逸出似乎不存在延迟时间,也就是光照射的同时就有电子逸出;第三是逸出电子的动能只与入射光的频率成正比,而且入射光频率有一个最小值,小于此值时,无论光强多大都不会有逸出电子。

1905 年,Einstein 借用 Planck"能量子"的概念,提出"光量子"假设,解决了光电效应的理论问题。他指出:光除了波动性外还有微粒性;电磁辐射不仅在发射和吸收时是以能量为 $h\nu$ 的粒子形式出现,而且也以这种形式以光速在空间运动。

1923 年发现的 Compton 散射更进一步地证实了光量子的合理性和存在。Compton 散射表明,散射光的能量分布与粒子碰撞时所遵守的规律完全一致。换言之,将光作为粒子处理得到的结果才是正确的结果,而不是如经典物理中将光作为波处理,因此无法解释散射过程中光频率变化的结果。

以上 3 个实验都揭示出作为波动场的光实质上也具有粒子性质的一面。

(2) 揭示出粒子具有波动性的实验:电子双缝实验、晶体衍射实验、中子衍射实验

许久以前,用于判断光的波动性的杨氏双缝实验是物理学史上最为奇怪也是最具科学传奇的实验之一,因为到目前为止,这个看似简单但内涵丰富、深刻的实验一直被不断地重复、模仿、翻版和研究。虽然如此,要想用科学原理对双缝实验中涉及的粒子或波的运动及相关的测量本质进行毫无困惑的解释似乎是不可能的。电子的双缝实验充分表明了电子的以下特性:①单个的电子具有波动性特征,按 Dirac 的说法是电子自己与自己干涉;②干涉花样的形成既不是电子集体性行为的结果,也不是单个电子随机运动的结果;③没有任何一个实验发现电子同时通过两个缝,电子是不可分的,不存在"半个电子";④当电子以波的状态穿过双缝时又体现出粒子性。第三条的现代版解释是探测电子位置的测量必将干扰电子的行为,从而引起电子状态的改变。第四条的合理结论是电子既不是经典的粒子,也非经典的波。

晶体衍射实验、中子衍射实验是 20 世纪中后期的实验,它们不但进一步证实了量子理论的正确性,还发展起高精度的中子干涉量度学。近年来又发现了多粒子干涉现象和碳 – 60 的波动性。

(3) 原子的稳定性及线状光谱和比热

卢瑟福提出的电子绕原子核运动的经典原子结构模型无法解释原子的稳定性问题,因为作为带电粒子的电子在加速运动中会辐射出电磁波,从而不断损失自身的能量,导致动能减少,最终会坠落到原子核中去,但这一经典结论是与现实中观察到的原子的稳定性现象相矛盾的,只能说明电子绕核运动的模型是错误的。经典物理学理论在此不能给出一个合理的解释。

通过对氢原子光谱线的研究,发现光谱线的分布形态是分散的窄条状,也就是呈线状,这是经典原子微观模型不能解释的。按经典理论,如果电子在不停地运动,则会辐射出频率连续变化的光谱线而不是离散的线状光谱。

建立在经典物理学理论基础上的统计物理理论在用于解释比热时也遇到了不可克服的困难,主要体现在:①不能解释大部分双原子分子或多原子分子在常温下的振动自由度被冻结,从而对比热没有贡献;②不能分析为什么原子中处于束缚态的电子对比热的作用可以略去不计;③在低温下,固体的比热为什么服从德拜定律而不是杜隆-珀蒂定律。

正是因为这些经典物理学不能解决的物理现象促使很多有为的物理学家深入地思考着经典物理学的局限与困难,他们并没有像有些书中所说的怡然自得,为陶醉在经典物理的巨大成就与光辉里故步自封,而是勇于进取,不断创新。正是由于他们的不懈努力才有了今天的量子力学,从而把物理学理论提升到一个全新的高度。

5.2　量子力学的基本观念

量子力学从创建、发展到现今,一些对物质世界的基本观念得以不断修正并强化,从而成为量子力学最具特色的观念。尽管这些观念在不同程度上一直受到质疑和挑战,但到目前为止还是被普遍接受,因为事实证明它们经得起时间的考验。要想从根本上去学习并理解量子力学,必须挣脱经典物理的固有思维带给人们的束缚,以实验事实为依据,利用逻辑推理为工具,做到不先入为主,不主观臆断。

量子力学的基本观点是波粒二象性,并由此衍生出德布罗意波、波函数的概率特征、不确定性原理及量子化现象。这些相互渗透的概念都是量子力学中最基本的世界观,是量子力学最基本的特征,因此对量子力学的影响是深远的。由于这部分的讨论内容偏于抽象,以下仅作必要的简介。

(1)波粒二象性

波粒二象性的看法是从光开始的,因此先来讨论光的波粒二象性。光的波动性是没有争议的,而光电效应、Compton 散射等实验结果又显示出光的粒子性。通过把黑体的辐射场看成是光子气从而得到 Planck 公式也说明光的粒子性。种种迹象表明,光具有波粒二象性,其波动性与粒子性这二者是不可分割的有机整体。

1905 年,Einstein 引入了光量子的概念,并提出了后来被称为"Einstein-de Broglie"关系的等式:

$$E = \hbar\omega$$
$$\vec{p} = \hbar\vec{k}$$

(5.1)

公式(5.1)左边的能量与动量是经典物理中用于描写粒子运动的物理量,而右边的频率和波矢则是描写波运动的典型参数。该关系式表明,知道了粒子的波动性可以求得其粒子性,反过来也是这样,也就是说波动性和粒子性是等价的,不存在谁有优势的问题,仅取决于粒子所处的环境和人们探测的方式。

Einstein-de Broglie 关系中的 Planck 常数是把经典物理中两种不同属性连接起来的桥梁,因此对于波粒二象性是否显著起着判别的作用。由于 $\hbar$ 很微小,在宏观世界中,这种波粒二象性是难以观察到的,波就是波,粒子就是粒子,二者可以全然分开,但这并不能成为否定波粒二象性的理由。之所以人们有这种怪异的感觉,归根到底还是因为在以经典的视角来看待波粒二象性。

对光的这种波粒二象性的理解同样也可以应用在电子、质子、中子或其他微观粒子上,如前面关于电子的双缝实验已经说明了电子的行为和光子的行为具有本质的相似性。有时候,波粒二象性主要是针对微观粒子,这是因为 $\hbar$ 很微小,只有在微观世界里这种波粒二象性才显著,但波粒二象性并不限于微观粒子,它可以理解为物质的一种基本的属性。

(2)de Broglie 波

de Broglie 把波粒二象性从光量子和电子推广至一般粒子甚至尺度更大的宏观物体,因此有时也称 de Broglie 波为物质波。对于任意做运动的物体,由 Einstein-de Broglie 关系可知,其波长

$$\lambda = \frac{h}{p} = \frac{h}{\sqrt{2mE}}$$

对于电子,经电势差加速后的动能(非相对论情况下)为 $E = eV$,其波长为

$$\lambda = \frac{h}{\sqrt{2meV}} \approx \frac{1.225}{\sqrt{V}}(\text{nm})$$

设加速电压 $V = 150$ V,则 $\lambda \approx 0.1$(nm);当加速到 $V = 10^4$ V 时,$\lambda \approx 0.0122$(nm)。一般原子线度大约是 10^{-1} nm,当电子在原子线度范围内运动时,其波长与其运动空间的尺度可相比拟,波动性较为突出,因此其波动性不能忽略;但如果电子在一个更大的空间里运动,由于其波长很短,则其波动性不显著,因此波动性可以忽略。

对于宏观物体,一般是不计其波动性的。如质量为 1 g 的物体,当其速度 $v = 1$ m/s 时,相应的 de Broglie 波长

$$\lambda = \frac{h}{p} = \frac{h}{mv} \approx 6.6 \times 10^{-31} \text{ m}$$

这微小的波长不但远小于物体本身的线度,也远小于物体运动的空间尺度,因此在一般研究宏观物体的运动时,与这个波长相关联的波动性是可以完全忽略不计的。

(3)概率特征、量子化现象、不确定性

由于波粒二象性,对微观粒子采用具有概率特征的描述是必然的结果。在电子的双缝实验中,从粒子的角度看,如果测量电子在屏上的位置,则其出现的结果是随机的,无法预测,只有大量电子出现在屏上的统计规律才是确定的、可以预计的;同时电子通过哪个缝也是不可预测的、随机的。这些事实充分说明了电子行为的概率性特征。更进一步的实验证明,在接收屏处探测到电子位置出现的概率并不是电子单独通过某一个缝时的概率之和,而是存在两缝相互影响的干涉项,如此就不能把电子出现在某一位置的随机性等同于电子出现于此处的概率,换言之,就是大量电子通过双缝后形成的干涉图样并不是各个单独的电子概率的叠加结果,而是概率幅的叠加。如设电子通过两个缝的概率幅分别是 ψ_1 和 ψ_2,则其通过两个缝的概率分别是 $|\psi_1|^2$ 和 $|\psi_1|^2$,而其在屏上某点出现的概率是 $|\psi_1 + \psi_2|^2$。

从波动性的角度来看,电子在双缝后的屏上形成干涉图样是很容易理解的,只需假定单个电子以波的形式通过双缝,并在缝后自身干涉,从而得到图样。但在实际测量时又无法测到一个到处分布的电子,能测量到的只是一个具有粒子性质的电子。如此得到的一个可能的结论是测量过程破坏了电子的波动性,引起了电子呈现方式的突变。这也就是目前较为普遍被接收的观点,因为如果用概率幅 ψ 来描写电子,并将 ψ 理解为一种与概率相关的类似为波的表达式,则一方面可以解释电子行为的概率特征,另一方面与电子的波动性特征也不矛盾,因此 ψ 就称为波函数。也就是说,ψ 本身是一种波幅,可以干涉和叠加,体现出微观粒子的波动特性;一旦以 $|\psi|^2$ 形式出现就代表着概率,可以被观察和测量,体现出完全的粒子性来。这种描述方法是一种妥协的折中,只是使目前的理论与实验事实做到统一,兼顾波粒二象性这两种截然不同的属性的结果。

量子化的一个基本特征是离散化,而离散化并不是量子力学中才有的现象。任何波动方程的局域问题总可以归结为本征值问题,而这些本征值问题的解一般是离散的。例如当一维弦两端固定时,其振动频率是不能连续取值的,而是只能取分离的值。同样的情况也包括二维膜的振动、波导之内的电磁波等。既然微观粒子具有波动性,则这种波动性在非无限空间内(局域条件下)同样也会产生本征值问题,其波长或频率出现分立值的结果;同时,由于波粒二象性,这些离散取值的波长和频率也必然导致能量和动量的取值离散化。这种量子化现象是波粒二象性的必然结果,是微观粒子由于波动性而产生自相干涉的反映。

波粒二象性的另一个直接推论是不确定性原理,因为微观粒子具有波动性,因此描写微观粒子的波函数可以利用傅里叶积分或级数来进行展开,而带宽定理指出傅里叶积分变换对的

两个变量的均方根偏差不能同时为 0。由于傅里叶积分变换的带宽定理只是一个与物理现象无关的数学定理,任何形式的波都服从这个定理,微观粒子的波动性也不能例外。所以结论是:不确定性原理的根源是因为微观粒子的波动性,正是因为微观粒子的这种内禀的波动性才使得其受到不确定性原理的约束。这就排除了早期人们认为不确定性的原因是由于测量仪器不够精密或测量过程对微观粒子产生干扰的不正确观点。

注:傅里叶积分变换的带宽定理

设傅里叶变换及其逆变换为

$$f(x) = \frac{1}{2\pi}\int_{-\infty}^{\infty} F(\omega)\,\mathrm{e}^{\mathrm{i}\omega x}\,\mathrm{d}\omega \quad,\quad F(\omega) = \int_{-\infty}^{\infty} f(x)\,\mathrm{e}^{\mathrm{i}\omega x}\,\mathrm{d}x$$

并定义

$$(\Delta x)^2 = \frac{\int_{-\infty}^{\infty} (x - x_0)\,|f(x)|^2\,\mathrm{d}x}{\int_{-\infty}^{\infty} |f(x)|^2\,\mathrm{d}x}$$

$$(\Delta\omega)^2 = \frac{\int_{-\infty}^{\infty} (\omega - \omega_0)\,|F(\omega)|^2\,\mathrm{d}\omega}{\int_{-\infty}^{\infty} |f(\omega)|^2\,\mathrm{d}\omega}$$

其中 x_0, ω_0 为任意常数,则有

$$\Delta x \cdot \Delta\omega \geqslant \frac{1}{2}$$

5.3　量子力学的基本假设

一般一套理论体系的建立总是先由一些实验提供一些基本的数据和事实,通过对这些实验进行科学的归纳、总结和分析,抽象得出一些具有普遍性的法则和基本观念,在此基础上利用逻辑推理、假设并结合数学表达就得到一系列定理或定律,从而构建出相适应的理论体系。到目前为止,量子力学的体系基础可以归纳为 5 个基本假设,它们都是许多实验和基本观念的概括和总结,当然也不排除以后产生发展变化的可能。

(1) 第一假设——波函数公设

微观粒子的量子状态可以用波函数 $\psi(\vec{r},t)$ 作完全的描述;波函数是粒子坐标和时间的复值函数,模的平方 $|\psi(\vec{r},t)|^2$ 表示(相对)概率密度,即 t 时刻在体积元 $\mathrm{d}\vec{r}$ 内找到粒子的相对概率为

$$\mathrm{d}P(\vec{r},t) = \psi^*(\vec{r},t)\psi(\vec{r},t)\,\mathrm{d}\vec{r}$$

波函数 $\psi(\vec{r},t)$ 在其定义域内(除有限个点、线、面外)处处单值、连续、可微、模平方可积。如果 ψ_1 和 ψ_2 是波函数,则它们的任意复系数线性组合也是波函数。对任意两个波函数 ϕ 和 ψ,定义其内积为

$$(\phi,\psi) = \int_V \phi^*\psi\,\mathrm{d}\vec{r} \tag{5.2}$$

其中 V 表示波函数有意义的积分区域。由此全体波函数的集合构成描述微观粒子量子状态

的 Hilbert 空间。

仔细分析上面的第一假设,可以看出有 5 个基本点:①表明波函数对微观粒子的描述是完备的,也就是说采用波函数来描述之后,不需要其他的描述函数就可以获得关于此微观粒子的一切相关信息,如能量、动量、位置等(当然,这一点是有争议的);②表明了波函数的概率诠释(这一点以前进行过讨论);③表明了波函数作为函数的数学要求,其中模的平方可积是构成 Hilbert 空间的一个必要条件,实际上是概率应当为有限值的要求;④表明波函数服从线性叠加原理,是一个在量子力学理论中普遍有效的原理,当然这也是微观粒子波动性叠加的要求;⑤表明全体波函数组成一个 Hilbert 空间,也就是说微观粒子的任意一个状态可以用 Hilbert 空间中的一个矢量来表示,这样整个 Hilbert 空间的矢量就是此微观粒子的所有可能状态。

此外,还需注意模的平方 $|\psi(\vec{r},t)|^2$ 可积,就是要求

$$\int_{\Sigma} |\psi|^2 \mathrm{d}\vec{r} = 单值、有限 \tag{5.3}$$

其中 Σ 可以是任意小但仍有限的区域,或波函数有意义的无限区域。平方可积本身并不要求波函数处处单值有限,它可以在某一点发散,只要发散的速度满足一定的条件就行。

另一个需要说明的是对自由粒子的描述。在经典物理中,自由粒子的运动是匀速直线运动,其动量是确定值。量子力学中完全描述这种自由微观粒子运动状态的波函数是平面波:

$$\psi(\vec{r},t) = Ce^{\frac{i}{\hbar}(\vec{p}\cdot\vec{r}-Et)} = Ce^{i(\vec{k}\cdot\vec{r}-\omega t)} \quad (C \text{ 为归一化常数})$$

这只是一种理想状态的描述,并不代表真实的物理状态,因为实际上并不存在充满整个空间的单色平面波。这种理想化的平面波的归一化问题在介绍动量算符时讨论。

关于态叠加原理在此有必要深入讨论一下。叠加原理可以表述如下:若波函数 ψ_1 和 ψ_2 是所描述体系的两个状态,则二者的线性叠加 $c_1\psi_1 + c_2\psi_2 = \psi$ 也是体系的一个可能状态;当微观粒子处于波函数 ψ 所描述的态中时,可以认为既处于态 ψ_1 中,也处于态 ψ_2 中;处于态 ψ_1 中的相对概率是 $|c_1|^2$,处于态 ψ_2 中的相对概率是 $|c_2|^2$;显然,由于 ψ_1 也可表示为 ψ_2 与 ψ 的线性组合,也可认为处于 ψ_1 态时,粒子是既处于 ψ_2 态,也处于 ψ 态;对 ψ_2 也可同样推理。

这种叠加态的概念可以推广至更一般的性情况:若 $\psi_1, \psi_2, \cdots, \psi_n, \cdots$ 是体系的可能态时,则它们的线性叠加 $\psi = \sum_n c_n \psi_n$ 也是体系的一个可能的状态;也可以说体系处于态 ψ 中时,就部分处于态 $\psi_1, \psi_2, \cdots, \psi_n, \cdots$ 中;处于态 ψ_n 中的相对概率是 $|c_n|^2$,相应的概率就是

$$P_n = \frac{|c_n|^2}{\sum_i |c_i|^2} \tag{5.4}$$

叠加原理也应用于积分表达式中,例如任何一个波函数都可以看成是各种平面波的叠加,由于动量可以连续取值,因此求和用积分代替,表示为

$$\psi(\vec{r},t) = \int c(\vec{p},t)\psi_p(\vec{r})\mathrm{d}\vec{p} \tag{5.5}$$

其中 $\psi_p(\vec{r}) = \dfrac{1}{(2\pi\hbar)^{3/2}}e^{\frac{i}{\hbar}\vec{p}\cdot\vec{r}}$,称为动量本征函数,是动量算符本征方程的解,展开系数 $c(\vec{p},t)$ 有逆变换

$$c(\vec{p},t) = \int \psi(\vec{r},t)\psi_p^*(\vec{r})\mathrm{d}\vec{r} \tag{5.6}$$

其中,$\psi(\vec{r},t)$ 与 $c(\vec{p},t)$ 是傅里叶变换及其逆变换。由于这种变换是唯一的,$\psi(\vec{r},t)$ 给定后可

确定 $c(\vec{p},t)$。同样，知道 $c(\vec{p},t)$ 后可计算出 $\psi(\vec{r},t)$。因此 $\psi(\vec{r},t)$ 与 $c(\vec{p},t)$ 只是波函数的两种不同表达而已，但采用的自变量是不同的，这与矢量空间中坐标系的变换一样，也就是微观粒子在不同表象中的表达式不同。

（2）第二假设——算符公设

任一个可观测的力学量 F 用其相应的线性厄米（Hermite）算符 $\hat{F}$ 表示；算符 $\hat{F}$ 作用于 Hilbert 空间状态（矢量）上，体现为状态之间的一种线性映射；在由力学量 F 到算符 $\hat{F}$ 的众多对应规则中，基本规则是坐标 x 和动量 p 向它们的算符 $\hat{x}$ 和 $\hat{p}$ 的对应，且需满足对易关系 $[\hat{x},\hat{p}] =$ iℏ。

量子力学的第二个假设规定了算符和力学量之间的对应关系。实际表明，在量子力学中，力学量都是用线性厄米算符来表示的。在所有经典物理学中可观测的力学量中，唯有时间没有与之对应的算符；在非相对论量子力学中，时间仍被认为是可以连续变化的参量。

算符的作用就是对 Hilbert 空间中的矢量进行操作，而 Hilbert 空间中的矢量在量子力学中称为**态矢量**，代表着体系的各种可能状态。当然，量子力学中所指的 Hilbert 空间只是指 Hilbert 空间中的一类，与数学上广义的 Hilbert 空间不同。

由于经典物理中的物理量均可用坐标和动量的函数关系来表示，所以该物理量对应的算符可以将函数中的变量 x 和 p 转换成其对应的算符形式。以下是一些常用的基本算符，可以由坐标及动量算符根据算符公设的对应关系构造出来：

动能算符

$$\hat{T} = \frac{\hat{p}^2}{2m} = -\frac{\hbar^2}{2m}\Delta$$

在球坐标中表示为

$$\hat{T} = -\frac{\hbar^2}{2m}\frac{1}{r}\frac{\partial^2}{\partial r^2}r + \frac{\hat{L}^2}{2mr^2}$$

势能算符

$$\hat{V} = \hat{V}(\vec{r})$$

角动量算符

$$\hat{L} = \hat{r}\times\hat{p} = -\mathrm{i}\hbar\hat{r}\times\nabla$$

z 分量的球坐标表示

$$\hat{L}_z = -\mathrm{i}\hbar\frac{\partial}{\partial\varphi}$$

粒子密度算符

$$\hat{\rho} = \delta(\vec{r}-\hat{r}')$$

粒子流密度算符

$$\hat{j} = \frac{1}{2}\left[\delta(\vec{r}-\hat{r}')\frac{\hat{p}}{m} + \frac{\hat{p}}{m}\delta(\vec{r}-\hat{r}')\right]$$

能量算符

$$\hat{E} = i\hbar \frac{\partial}{\partial t}$$

Hamilton 算符

$$\hat{H} = \hat{T} + \hat{V}$$

坐标、动量算符及其对易关系 $[\hat{x}, \hat{p}] = i\hbar$ 被假设为基本的表达式，这只是针对波函数 $\psi(\vec{r}, t)$ 用坐标 $\vec{r}$ 和时间 t 作为自变量时的结果。如果波函数采用其他的自变量（称为不同表象）时，坐标算符 $\hat{r}$ 及动量算符 $\hat{p}$ 的表达式也会不同。当波函数形式为 $\psi(\vec{r}, t)$ 时，力学量坐标的平均值是

$$\bar{r} = \frac{\int \hat{r} \mid \psi(\vec{r}, t) \mid^2 \mathrm{d}\vec{r}}{\int \mid \psi(\vec{r}, t) \mid^2 \mathrm{d}\vec{r}} = \frac{\int \vec{r} \mid \psi(\vec{r}, t) \mid^2 \mathrm{d}\vec{r}}{\int \mid \psi(\vec{r}, t) \mid^2 \mathrm{d}\vec{r}} \tag{5.7}$$

可以看到，波函数用坐标 $\vec{r}$ 来表述时，坐标算符就可直接取为 $\hat{r}$。同时，坐标算符的本征函数可表示为

$$\hat{r}\delta(\hat{r} - \hat{r}_0) = \vec{r}_0\delta(\hat{r} - \hat{r}_0) \tag{5.8}$$

也表明坐标算符直接取为 $\vec{r}$ 是合理的，这也符合算符在以自己的本征函数为基底时的矩阵是对角阵的情形，只是由于坐标可以连续取值，所以表示算符的矩阵是无穷维的。

当考虑到动量算符时，注意平面波 $\psi(\vec{r}, t) = Ce^{\frac{i}{\hbar}(\vec{p} \cdot \vec{r} - Et)}$ 代表着自由粒子，动量恒定，是动量算符的本征函数，其中的 $\vec{p}$ 就应当是动量的值本身，因此有

$$\hat{p}\psi(\vec{r}, t) = \vec{p}\psi(\vec{r}, t)$$

但注意到

$$\nabla e^{\frac{i}{\hbar}(\vec{p} \cdot \vec{r} - Et)} = \frac{i}{\hbar} e^{\frac{i}{\hbar}(\vec{p} \cdot \vec{r} - Et)} \nabla(\vec{p} \cdot \vec{r}) = \frac{i}{\hbar} \vec{p} e^{\frac{i}{\hbar}(\vec{p} \cdot \vec{r} - Et)}$$

$$\hat{p} e^{\frac{i}{\hbar}(\vec{p} \cdot \vec{r} - Et)} = \vec{p} e^{\frac{i}{\hbar}(\vec{p} \cdot \vec{r} - Et)} \Rightarrow \hat{p} = -i\hbar\nabla \tag{5.9}$$

另外，对于能量算符 $\hat{E} = i\hbar\frac{\partial}{\partial t}$，作用于平面波函数时，有 $\hat{E}\psi(\vec{r}, t) = E\psi(\vec{r}, t)$。

当波函数的自变量采用动量 $\vec{p}$（称为动量表象）时，如 $c(\vec{p}, t)$，由于在自身的表象中，动量算符 $\hat{p}$ 的表达式就是 $\vec{p}$，此时的坐标算符则取 $\hat{r} = i\hbar\nabla_p$。理由如下（由于时间因子与运算无关，故略去）：

由于自变量是 $\vec{p}$，因此坐标算符也应当表示为 $\vec{p}$ 的函数形式，记为 $\hat{r}_p$。考虑到坐标表象中，$\hat{r}$ 的本征方程是 $\hat{r}\delta(\hat{r} - \hat{r}_0) = \vec{r}_0\delta(\hat{r} - \hat{r}_0)$，函数 $\delta(\hat{r} - \hat{r}_0)$ 利用傅里叶变换可转换为以 $\vec{p}$ 为变量的函数形式：

$$c(\vec{p}) = \int_{-\infty}^{\infty} \delta(\vec{r} - \vec{r}_0)\psi_p^*(\vec{r})\mathrm{d}\vec{r} = \int_{-\infty}^{\infty} \delta(\vec{r} - \vec{r}_0)\frac{1}{(2\pi\hbar)^{3/2}}e^{-\frac{i}{\hbar}\vec{p}\cdot\vec{r}}\mathrm{d}\vec{r} = \frac{1}{(2\pi\hbar)^{3/2}}e^{-\frac{i}{\hbar}\vec{p}\cdot\vec{r}_0} \tag{5.10}$$

$\delta(\hat{r} - \hat{r}_0)$ 的动量展开式（傅里叶积分式）表示为

$$\delta(\hat{r} - \hat{r}_0) = \int_{-\infty}^{\infty} c(\vec{p}) \psi_p(\vec{r}) \mathrm{d}\vec{r} = \frac{1}{(2\pi\hbar)^3} \int_{-\infty}^{\infty} e^{\frac{i}{\hbar}\vec{p}\cdot(\vec{r}-\vec{r}_0)} \mathrm{d}\vec{p} \tag{5.11}$$

另外,考虑到坐标变换(此处就是自变量的变换)不改变本征值,因此 $\hat{r}$ 的本征方程在动量表象中为

$$\hat{r}_p c(p) = \vec{r}_0 c(p) \Rightarrow \hat{r}_p e^{-\frac{i}{\hbar}\vec{p}\cdot\vec{r}_0} = \vec{r}_0 e^{-\frac{i}{\hbar}\vec{p}\cdot\vec{r}_0}$$

考虑到 $i\hbar \nabla_p e^{-\frac{i}{\hbar}\vec{p}\cdot\vec{r}_0} = \vec{r}_0 e^{-\frac{i}{\hbar}\vec{p}\cdot\vec{r}_0}$,其中 ∇_p 表示对动量求导的拉普拉斯算符,因此可得坐标算符在波函数以动量为自变量时的表示为

$$\hat{r}_p = i\hbar \nabla_p \tag{5.12}$$

其一维分量为

$$\hat{r}_{p_x} = i\hbar \frac{\partial}{\partial p_x}$$

(3) 第三假设——测量公设

设微观粒子体系处于波函数 $\psi(\vec{r},t)$ 所描述的状态,$\vec{F}$ 表示某个可观测的力学量,$\hat{F}$ 是其对应的厄米算符。若在 $\psi(\vec{r},t)$ 态对 $\vec{F}$ 进行一次测量,则一定导致波函数 $\psi(\vec{r},t)$ 的本征坍缩,也就是波函数将随机地坍缩为 $\hat{F}$ 的某个本征态;同时,测量得到的结果是与坍缩后的本征态对应的本征值;若对由波函数 $\psi(\vec{r},t)$ 描述的微观粒子系综进行多次测量,所测得的 $\vec{F}$ 的期望值(平均值)将是

$$\overline{F} = (\psi, \hat{F}\psi) \qquad (设 \psi 已归一化,即(\psi,\psi) = 1) \tag{5.13}$$

这个测量公设把量子力学的理论计算与实验结果联系起来了。

若所测态 $\psi(\vec{r},t)$ 是 $\hat{F}$ 的某个本征态 ϕ_i,则 $\overline{F} = (\phi_i, \hat{F}\phi_i) = \lambda_i$,表明测量结果就是其对应的本征值;若所测态不是本征态,则利用 $\psi(\vec{r},t) = \sum_i c_i(t)\phi_i$ 可计算得

$$\overline{F} = (\psi, \hat{F}\psi) = \sum_i |c_i|^2 \lambda_i$$

由于 $(\psi,\psi)=1$,则

$$\sum_i |c_i|^2 = 1$$

$|c_i|^2$ 表示测量过程中波函数突变为第 i 个本征态的概率,也就意味着测得的结果为 λ_i 的概率。

由此测量公设可知,波函数在测量中会随机突变为所测力学量对应算符的本征态之一,因此测量过后的波函数与所测量的力学量有关,这正好体现出量子力学中测量过程对微观体系不可避免的干扰。另外,要注意区分假设中的单次测量与多次测量。多次测量可分为对同一微观粒子进行多次重复测量和对由同一波函数描述的大量微观粒子构成的系统进行多次重复测量。显然,对同一粒子进行多次重复测量时,第一次测量将使波函数坍缩为本征态之一,此后的测量将得到相同的结果,因为本征态不会再突变,也可以说只能坍缩成其自身;对同一态的不同粒子进行测量,则可能使不同粒子的状态突变为不同的本征态,因此得到的结果是随机的。

（4）第四假设——Schrödinger 方程假设

一个微观粒子体系的状态波函数 $\psi(\vec{r},t)$ 满足 Schrödinger 方程

$$i\hbar \frac{\partial \psi(r,t)}{\partial t} = \hat{H}(\hat{r},\hat{p})\psi(r,t) \tag{5.14}$$

其中 $\hat{H}(\hat{r},\hat{p}) = \hat{H}(\vec{r}, -i\hbar\nabla)$ 称为体系的 Hamilton 算符（也称 Hamilton 量）：

$$\hat{H} = \hat{T} + \hat{V} = \frac{\hat{p}^2}{2m} + V(\hat{r}) = -\frac{\hbar^2}{2m}\Delta + V(\hat{r}) \tag{5.15}$$

第四假设又称为微观粒子体系动力学演化公设，它表明了粒子体系状态随时间变化过程中必须遵守的规律。与测量过程的随机性突变不同，演化规律体现了因果律的作用。

（5）第五假设——全同性原理公设

首先定义全同粒子。若两个微观粒子的全部内禀属性，如质量、电荷、自旋、同位旋、内部结构或其他属性完全相同，则称它们为两个全同粒子。如所有电子都是全同粒子，所有质子、中子也是全同粒子。两个全同粒子可以有不同的状态，如能级、自旋取向、空间位置或波函数。

全同性原理：**如果两个全同粒子处于相同的物理条件，则它们将有完全相同的实验表现，从原理上看是无法区分的；若交换体系中任意两个全同粒子所处的状态和位置，将不会出现任何可以观察的物理效应。**

全同性原理把全同性与不可分辨性联系起来，强调了全同性粒子在"原理上"的不可分辨性，也就表明这种不可分辨性不是由技术手段的不足或实验方法的局限而引起的。全同性原理是自然界的一个普遍规律，是微观粒子波粒二象性导致的测量结果，这是与经典物理的不同之处。

从全同性原理可以得出两个很重要的结论：①微观粒子体系的全部可观测物理量对应的算符对于粒子间置换具有完全对称性；②体系所有可能的总波函数对于粒子间的置换要么是对称的，要么是反对称的，不存在其他情况。

习　题

5.1　设汽车质量为 2 000 kg，速度为 120 km/h，求其相应的德布罗意波长。

5.2　量子力学的 5 个公设是什么？其中波函数公设的主要思想是什么？

5.3　量子化的一个基本特征是离散化，试举两个例子说明。

5.4　设算符 $\hat{S}$ 的矩阵 $S = \begin{bmatrix} 0 & 1 & i & 0 \\ 0 & i & -1 & 0 \\ 1 & 0 & 0 & 1 \\ 1 & 0 & 0 & -1 \end{bmatrix}$，试计算 $\hat{S}$ 在态 $|\phi> = \begin{bmatrix} -1 \\ i \\ -i \\ 1 \end{bmatrix}$ 中的平均值。

第6章
Schrodinger 方程的应用

在经典力学中,通常用坐标和速度等物理量来描述质点运动的状态,外界对此质点运动的影响通过"作用力"来表示,而这些量满足牛顿运动方程。当质点在某一时刻的运动状态已知时,由牛顿运动方程可以求出质点以后任一时刻的状态。这种因果决定论的思想也同样反映在量子力学中,因此,如果知道了微观粒子在某一时刻的状态,则同样可求得以后时刻的状态,不同之处在于,量子力学中是用波函数来描述微观粒子的状态,决定粒子状态变化的方程就是 Schrodinger 方程,而影响粒子状态变化的物理量则通过算符(体系的 Hamilton 算符)的形式体现在方程中。

由 Schrodinger 方程假设可知,只要知道了体系的 Hamilton 量,就可建立起粒子体系的 Schrodinger 运动方程,从而对方程求解。但一般来说,Schrodinger 方程是不易求解的,故常常采用近似或其他方法获得关于粒子运动状态的信息。不过对一些简单或特殊的情况,Schrodinger 方程则是可以严格求解的。下面就讨论与方程有关的几个基本概念及几种可以求解的情况。

6.1 概率流密度矢量

若描写粒子状态的波函数为 $\psi(\vec{r},t)$,则由波函数公设,在 t 时刻的 $\vec{r}$ 处的相对概率密度,即单位体积内粒子出现的概率 $w(\vec{r},t) = \psi^*(\vec{r},t)\psi(\vec{r},t) = |\psi(\vec{r},t)|^2$,其随时间的变化率为

$$\frac{\partial w}{\partial t} = \psi^*(\vec{r},t)\frac{\partial\psi(\vec{r},t)}{\partial t} + \psi(\vec{r},t)\frac{\partial\psi^*(\vec{r},t)}{\partial t} \qquad (6.1)$$

由 Schrodinger 方程(5.14)、方程(5.15)及其共轭复数形式(此处设势能 $V(\vec{r})$ 为实数)

$$i\hbar\frac{\partial\psi(\vec{r},t)}{\partial t} = \hat{H}(\hat{\vec{r}},\hat{\vec{p}})\psi(\vec{r},t) = \left[-\frac{\hbar^2}{2m}\Delta + V(\hat{\vec{r}})\right]\psi(\vec{r},t) \text{ 和}$$

$$-i\hbar\frac{\partial\psi^*(\vec{r},t)}{\partial t} = \left[-\frac{\hbar^2}{2m}\Delta + V(\hat{\vec{r}})\right]\psi^*(\vec{r},t)$$

代入方程(6.1),可得

$$\frac{\partial w}{\partial t} = \frac{1}{\mathrm{i}\hbar}\psi^*(\vec{r},t)\left[-\frac{\hbar^2}{2m}\Delta + V(\hat{r})\right]\psi(\vec{r},t) - \frac{1}{\mathrm{i}\hbar}\psi(\vec{r},t)\left[-\frac{\hbar^2}{2m}\Delta + V(\hat{r})\right]\psi^*(\vec{r},t)$$

$$= \frac{\mathrm{i}\hbar}{2m}(\psi^*(\vec{r},t)\Delta\psi(\vec{r},t) - \psi(\vec{r},t)\Delta\psi^*(\vec{r},t))$$

$$= -\frac{\mathrm{i}\hbar}{2m}\nabla\cdot(\psi\nabla\psi^* - \psi^*\nabla\psi)$$

取 $\vec{J} = \dfrac{\mathrm{i}\hbar}{2m}(\psi\nabla\psi^* - \psi^*\nabla\psi)$，则有

$$\frac{\partial w}{\partial t} + \nabla\cdot\vec{J} = 0 \tag{6.2}$$

此方程与电磁学中的电荷守恒方程有相同的形式，具有连续性方程的性质。由于第一项表示概率密度随时间的变化率，则第二项中的 $\vec{J}$ 就应当是与电荷守恒定律中的电流密度矢量相当的一个物理量，称为概率流密度矢量，表示单位时间流过单位垂直面积的概率。

将方程对空间中任一体积 V 进行积分，可得

$$\int_V \frac{\partial w}{\partial t}\mathrm{d}v + \int_V \nabla\cdot\vec{J}\mathrm{d}v = \frac{\partial}{\partial t}\int_V w\mathrm{d}v + \oint_S \vec{J}\cdot\mathrm{d}\vec{s} = 0$$

式中 S 是 V 的边界。积分 $\int_V w\mathrm{d}v$ 表示粒子出现在 V 中的概率，因此第一个积分表示 V 中单位时间内概率的增加；第二个积分则表示单位时间内由边界 S 流入的概率。从这个意义上讲，连续性方程也称为概率守恒的微分形式。

如果假设波函数在无穷远处为 0，则在无穷远处有 $\vec{J} = 0$，因此有

$$\frac{\partial}{\partial t}\int_\infty w\mathrm{d}v = \frac{\partial}{\partial t}\int_\infty |\psi|^2\mathrm{d}v = 0$$

表明在整个空间中粒子出现的概率与时间无关。同时粒子在全空间中出现的概率为 1，故有

$$\int_\infty \psi^*\psi\mathrm{d}v = \int_\infty |\psi|^2\mathrm{d}v = (\psi,\psi) = 1 \tag{6.3}$$

这称为波函数的归一化。当波函数归一化后，由于概率与时间无关，因而波函数的归一化性质也不随时间而改变。

由概率守恒方程可导出其他物理量，如质量、电荷守恒方程。

设粒子质量为 m，则其质量密度 $w_m = mw = m|\psi|^2$，质量流密度 $\vec{J}_m = m\vec{J}$，显然有质量守恒定律

$$\frac{\partial w_m}{\partial t} + \nabla\cdot\vec{J}_m = 0$$

此处 $\vec{J}_m$ 表示了单位时间流过单位垂直面积的质量，因此就是质量流密度矢量。

类似地，引入电荷密度 $w_q = qw$ 和电流密度 $\vec{J}_q = q\vec{J}$，则有电荷守恒定律

$$\frac{\partial w_q}{\partial t} + \nabla\cdot\vec{J}_q = 0$$

6.2　定态薛定谔方程

若体系的 Hamilton 量 $\hat{H} = -\dfrac{\hbar^2}{2m}\Delta + V(\vec{r},t)$ 中的势能与时间 t 无关,即 $V(\vec{r},t) = V(\vec{r})$,则薛定谔方程可以采用分离变量法求解。设 $\psi(\vec{r},t) = \psi(\vec{r})T(t)$,代入式(5.15)得到

$$\mathrm{i}\hbar\,\frac{1}{T}\frac{\mathrm{d}T}{\mathrm{d}t} = \frac{1}{\psi}\left[-\frac{\hbar^2}{2m}\Delta\psi + V\psi\right] \tag{6.4}$$

式(6.4)左右两边各是独立变量 t 和 $\vec{r}$ 的函数,仅当方程两边均为常量时才能成立。设此常量为 λ,则有

$$\mathrm{i}\hbar\,\frac{\mathrm{d}T}{\mathrm{d}t} = \lambda T \tag{6.5}$$

$$-\frac{\hbar^2}{2m}\Delta\psi + V\psi = \lambda\psi \tag{6.6}$$

在式(6.5)、式(6.6)中,$\mathrm{i}\hbar\dfrac{\mathrm{d}}{\mathrm{d}t}$ 是能量算符,且按对应原则,与经典 Hamilton 量对应的算符 $\hat{H}$ 也表示体系的能量,故常量 λ 应表示体系的能量,改记为 E。

容易解得时间函数 $T(t) = c\mathrm{e}^{-\mathrm{i}\frac{E}{\hbar}t}$,其中 c 是任意常数。由此可得到薛定谔方程的一个解

$$\psi(\vec{r},t) = \psi(\vec{r})\mathrm{e}^{-\mathrm{i}\frac{E}{\hbar}t} \tag{6.7}$$

其中常数 c 已经并入到 $\psi(\vec{r})$ 中。由于势能 $V(\vec{r})$ 与时间无关,体系的能量是常量,这种能量具有确定值的状态称为定态,相应的波函数称为定态波函数,方程(6.6)称为定态薛定谔方程。此时,波函数的获得就归结为定态薛定谔方程的求解,也就是求出 $\psi(\vec{r})$。

定态薛定谔方程用算符 $\hat{H}$ 表示为

$$\hat{H}\psi(\vec{r}) = E\psi(\vec{r}) \tag{6.8}$$

因为 E 为常量,所以定态薛定谔方程就是算符 $\hat{H}$ 的本征方程,也称为能量本征方程,E 是能量本征值,$\psi(\vec{r})$ 是相应的本征函数。通常,本征方程还配有一定的边界条件,从而构成所谓的本征值问题。由前面关于算符的讨论可知,当粒子处于能量算符 $\hat{H}$ 的本征态 $\psi(\vec{r})$ 时,粒子具有确定的能量,其大小就是与本征态相对应的本征值 E。

通常,一个算符的本征值不止一个。设 $\hat{H}$ 的第 n 个本征值为 E_n,相应的本征函数为 ψ_n,则体系的第 n 个定态波函数可表示为

$$\psi_n(\vec{r},t) = \psi_n(\vec{r})\mathrm{e}^{-\mathrm{i}\frac{E_n}{\hbar}t} \tag{6.9}$$

若以 $\psi_n(\vec{r},t)$ 为基函数,则粒子的任意态函数,也就是一般含时薛定谔方程的解 $\psi(\vec{r},t)$ 可表示为 $\psi_n(\vec{r},t)$ 的线性叠加:

$$\psi(\vec{r},t) = \sum_n c_n\psi_n(\vec{r})\mathrm{e}^{-\mathrm{i}\frac{E_n}{\hbar}t} \tag{6.10}$$

其中展开系数 c_n 为复数。此时,粒子处于第 n 个能量本征态 ψ_n 的相对概率就是 $c_n^* c_n = |c_n|^2$。

6.3　自由粒子的波函数

自由粒子是指不受约束或外界作用，可以自由运动的粒子，其动量 $\vec{p}$ 和能量维持为常量。由于不受外界的任何影响或外界作用可以忽略，因此自由粒子是一种理想状态。取 $V(\vec{r})=0$，其定态薛定谔方程为

$$-\frac{\hbar^2}{2m}\Delta\psi = E\psi \tag{6.11}$$

当 $E<0$ 时，方程的解为 $\mathrm{e}^{\pm(k_1 x+k_2 y+k_3 z)}=\mathrm{e}^{\pm\vec{k}\cdot\vec{r}}$ 型，其中 $\vec{k}=k_1 e_x + k_2 e_y + k_3 e_z$；$|\vec{k}|=\sqrt{\frac{2m|E|}{\hbar^2}}$。此时方程的解在无穷远处是发散的，而波函数要求平方可积，所以解 $\mathrm{e}^{\pm(k_1 x+k_2 y+k_3 z)}$ 不可取；同时对于自由粒子，其能量就是动能 $E=T=\frac{p^2}{2m}$，因此 E 不能小于 0。

当 $E>0$ 时，方程的解为 $\psi(\vec{r})=c_1 \mathrm{e}^{\mathrm{i}\vec{k}\cdot\vec{r}}+c_2 \mathrm{e}^{-\mathrm{i}\vec{k}\cdot\vec{r}}$，其中 c_1,c_2 为任意常数，$\vec{k}$ 与 $E<0$ 时的定义相同。如此，自由粒子在任意时刻 t 的波函数为

$$\psi(\vec{r},t)=\psi(\vec{r})\mathrm{e}^{-\mathrm{i}\frac{E}{\hbar}t}=c_1 \mathrm{e}^{\mathrm{i}(\vec{k}\cdot\vec{r}-\frac{E}{\hbar}t)}+c_2 \mathrm{e}^{-\mathrm{i}(\vec{k}\cdot\vec{r}+\frac{E}{\hbar}t)}$$

由德布罗意-爱因斯坦关系可知 $\frac{E}{\hbar}=\omega$，且 $2mE=p^2$，$|\vec{k}|=\sqrt{\frac{2mE}{\hbar^2}}=\frac{p}{\hbar}$，即 $\vec{p}=\hbar\vec{k}$，表明 $\vec{k}$ 就是自由粒子对应的波矢。改写自由粒子波函数为

$$\psi(\vec{r},t)=c_1 \mathrm{e}^{\mathrm{i}(\vec{k}\cdot\vec{r}-\omega t)}+c_2 \mathrm{e}^{-\mathrm{i}(\vec{k}\cdot\vec{r}+\omega t)} \quad\text{或}\quad \psi(\vec{r},t)=c_1 \mathrm{e}^{\frac{\mathrm{i}}{\hbar}(\vec{p}\cdot\vec{r}-Et)}+c_2 \mathrm{e}^{-\frac{\mathrm{i}}{\hbar}(\vec{p}\cdot\vec{r}+Et)}$$

从上式可以看出，波函数实际为两个频率相同、波矢大小相等但方向相反的平面波的线性组合。一般地，对于单个自由粒子，为简单计，可选取 $c_2=0$，也就是用平面波来表示自由粒子的波函数：

$$\psi(\vec{r},t)=c\mathrm{e}^{\mathrm{i}(\vec{k}\cdot\vec{r}-\omega t)} \quad\text{或}\quad \psi(\vec{r},t)=c\mathrm{e}^{\frac{\mathrm{i}}{\hbar}(\vec{p}\cdot\vec{r}-Et)} \tag{6.12}$$

同时注意到，如前所述，$\psi(\vec{r},t)=c\mathrm{e}^{\mathrm{i}(\vec{k}\cdot\vec{r}-\omega t)}$ 也是动量算符 $\hat{p}=-\mathrm{i}\hbar\nabla$ 的本征态，本征值是 $\vec{p}$；而 $c\mathrm{e}^{-\mathrm{i}(\vec{k}\cdot\vec{r}+\omega t)}$ 则是动量算符本征值为 $-\vec{p}$ 的本征态。当然二者都是自由粒子能量算符 $\hat{H}=-\frac{\hbar^2}{2m}\Delta$ 的本征态，本征值就是能量 E。

[**例6.1**]　证明：若 $\psi_1,\psi_2,\cdots,\psi_n$ 是同一个薛定谔方程的解，则其线性组合 $\psi=c_1\psi_1+c_2\psi_2+\cdots+c_n\psi_n$ 也是薛定谔方程的解。

证明：由已知条件，有 $\mathrm{i}\hbar\frac{\partial\psi_k(\vec{r},t)}{\partial t}=\left[-\frac{\hbar^2}{2m}\Delta+V(\hat{r})\right]\psi_k(\vec{r},t),k=1,2,\cdots,n$

则

$$\mathrm{i}\hbar\frac{\partial\psi}{\partial t}=c_1\left(\mathrm{i}\hbar\frac{\partial\psi_1}{\partial t}\right)+c_2\left(\mathrm{i}\hbar\frac{\partial\psi_2}{\partial t}\right)+\cdots+c_n\left(\mathrm{i}\hbar\frac{\partial\psi_n}{\partial t}\right)$$

$$=\left[-\frac{\hbar^2}{2m}\Delta+V(\hat{r})\right](c_1\psi_1+c_2\psi_2+\cdots+c_n\psi_n)=\left[-\frac{\hbar^2}{2m}\Delta+V(\hat{r})\right]\psi$$

即 $i\hbar\dfrac{\partial\psi}{\partial t} = \left[-\dfrac{\hbar^2}{2m}\Delta + V(\hat{r}) \right]\psi$，$\psi$ 满足薛定谔方程，因此必然也是薛定谔方程的解。

[例 6.2] 设平面转子的转动惯量为 I，求此转子的波函数。已知角动量沿 z 轴的投影算符为 $\hat{l}_z = -i\hbar\dfrac{\partial}{\partial\varphi}$，其中 φ 为角位移量。

解：取转轴为 z 轴，则转子绕轴旋转的能量可表示为 $E = \dfrac{1}{2}I\dot{\varphi}^2$；同时，角动量的 z 分量为 $l_z = mr^2\dot{\varphi}$，其中 m, r 分别为转子的质量和转动半径。代入能量表达式中，并利用 $I = mr^2$，可得

$$E = \frac{1}{2}I\dot{\varphi}^2 = \frac{1}{2}I\left(\frac{l_z}{mr^2}\right)^2 = \frac{l_z^2}{2I}$$

由算符的对应法则，平面转子的 Hamilton 量表示为 $\hat{H} = \dfrac{\hat{l}_z^2}{2I} = -\dfrac{\hbar^2}{2I}\dfrac{\partial^2}{\partial\varphi^2}$。此平面转子的势能为 0，固属于定态问题。设其相应的波函数为 $\phi(\varphi)$，其定态薛定谔方程为

$$-\frac{\hbar^2}{2I}\frac{d^2\phi}{d\varphi^2} = E\phi$$

另外，对于角变量，存在周期性边界条件 $\phi(2\pi + \varphi) = \phi(\varphi)$，此边界条件与方程一起构成本征值问题。

取 $k = \sqrt{2IE/\hbar^2}$，则上式可改写为

$$\frac{d^2\phi}{d\varphi^2} + k^2\phi = 0$$

此方程形式与一维简谐振动方程相同，其通解为 $\phi(\varphi) = c_1 e^{ik\varphi} + c_2 e^{-ik\varphi}$，其中 c_1, c_2 为任意常数。应用周期性边界条件 $\phi(2\pi + \varphi) = \phi(\varphi)$，可知 $e^{i2\pi k} = 1$，且有 $k > 0$，由此得到

$$k = m, m = 0, 1, 2, \cdots$$

从而得到

$$\phi(\varphi) = c_1 e^{im\varphi} + c_2 e^{-im\varphi}$$

将上式中的 $e^{\pm im\varphi}$ 项合并在一起，写成

$$\phi(\varphi) = c_1 e^{im\varphi} + c_2 e^{-im\varphi} = c e^{im\varphi}$$

此处 $m = 0, \pm 1, \pm 2, \cdots$。对 $\phi(\varphi)$ 进行归一化处理

$$(\phi, \phi) = \int_0^{2\pi} \phi^* \phi \, d\varphi = |c|^2 \int_0^{2\pi} d\varphi = 1$$

得到 $c = \dfrac{1}{\sqrt{2\pi}}$。这样，所求平面转子的归一化波函数是

$$\phi(\varphi) = \frac{1}{\sqrt{2\pi}} e^{im\varphi}, m = 0, \pm 1, \pm 2, \cdots$$

由 $k = \sqrt{2IE/\hbar^2}$，可得能量本征值

$$E_m = \frac{\hbar^2 k^2}{2I} = \frac{\hbar^2 m^2}{2I}, m = 0, \pm 1, \pm 2, \cdots$$

[例 6.3] 设质量为 m 的一维自由粒子在 $t = 0$ 时的波函数为 $\psi(x, 0) = e^{\frac{i}{\hbar}p_0 x}$，求任意时刻 t 时的波函数，并计算其概率流密度矢量和概率密度，并简要解释所得结果。

解:自由粒子具有确定的动量和能量,波函数为定态,其动量算符为 $\hat{p}_x = -i\hbar\dfrac{d}{dx}$,显然有

$$\hat{p}_x\psi(x,0) = -i\hbar\frac{d}{dx}\psi(x,0) = p_0\psi(x,0)$$

因此 $\psi(x,0)$ 是动量的一个本征态,动量大小就是常量 p_0,相应的能量为

$$E = \frac{p_0^2}{2m}$$

由定态波函数表达式可知,在 t 时刻的波函数 $\psi(x,t) = \psi(x)\mathrm{e}^{-i\frac{E}{\hbar}t}$,$\psi(x)$ 与 t 无关,即 $\psi(x) = \psi(x,0)$,这样任意时刻 t 时的波函数为

$$\psi(x,t) = \psi(x)\mathrm{e}^{-i\frac{E}{\hbar}t} = \psi(x,0)\mathrm{e}^{-i\frac{p_0^2}{2m\hbar}t} = \mathrm{e}^{\frac{i}{\hbar}\left(p_0x - \frac{p_0^2}{2m}t\right)}$$

概率流密度矢量

$$\vec{J} = \frac{i\hbar}{2m}\left(\psi\frac{d}{dx}\psi^* - \psi^*\frac{d}{dx}\psi\right)e_x = \frac{p_0}{m}e_x = ve_x$$

其意义十分明显,就表示自由粒子沿 x 轴运动的速度矢量。

概率密度

$$w = \psi^*\psi = 1$$

由于波函数未归一化处理,此概率密度只是相对概率密度,表明自由粒子在各处出现的概率是相等的。

[例6.4] 设 ψ_1,ψ_2 是薛定谔方程 $i\hbar\dfrac{\partial}{\partial t}\psi = \hat{H}\psi$ 的两个解,试证明 $\dfrac{d}{dt}(\psi_1,\psi_2)=0$。

证明:

$$\frac{d}{dt}(\psi_1,\psi_2) = \left(\frac{\partial\psi_1}{\partial t},\psi_2\right) + \left(\psi_1,\frac{\partial\psi_2}{\partial t}\right) = \left(\frac{1}{i\hbar}\hat{H}\psi_1,\psi_2\right) + \left(\psi_1,\frac{1}{i\hbar}\hat{H}\psi_2\right)$$

$$= -\frac{1}{i\hbar}(\hat{H}\psi_1,\psi_2) + \frac{1}{i\hbar}(\psi_1,\hat{H}\psi_2) = \frac{1}{i\hbar}\left[(\psi_1,\hat{H}\psi_2) - (\hat{H}\psi_1,\psi_2)\right]$$

而 $\hat{H}$ 是厄米算符,即有 $(\psi_1,\hat{H}\psi_2) = (\hat{H}\psi_1,\psi_2)$,因此 $\dfrac{d}{dt}(\psi_1,\psi_2)=0$。

注:另外利用 $\hat{H} = -\dfrac{\hbar^2}{2m}\Delta + V(\vec{r})$ 也可以证明,只要 $V(\vec{r})$ 是实函数。实际上有

$$(\psi_1,\hat{H}\psi_2) - (\hat{H}\psi_1,\psi_2) = -\frac{\hbar^2}{2m}(\psi_1,\Delta\psi_2) + (\psi_1,V\psi_2) + \frac{\hbar^2}{2m}(\Delta\psi_1,\psi_2) - (V\psi_1,\psi_2)$$

而 $(\psi_1,V\psi_2) = \int\psi_1^* V\psi_2 dv = \int(V\psi_1)^*\psi_2 dv = (V\psi_1,\psi_2)$,因此

$$(\psi_1,\hat{H}\psi_2) - (\hat{H}\psi_1,\psi_2) = -\frac{\hbar^2}{2m}\left[(\psi_1,\Delta\psi_2) - (\Delta\psi_1,\psi_2)\right] = -\frac{\hbar^2}{2m}\int(\psi_1^*\Delta\psi_2 - \psi_2\Delta\psi_1^*)dv$$

$$= -\frac{\hbar^2}{2m}\int\nabla\cdot(\psi_1^*\nabla\psi_2 - \psi_2\nabla\psi_1^*)dv = -\frac{\hbar^2}{2m}\oint(\psi_1^*\nabla\psi_2 - \psi_2\nabla\psi_1^*)d\vec{S}$$

显然,波函数在无穷远处趋于 0 的条件下,最后一个封闭曲面积分为 0,结论得证。

[例6.5] 证明(1)如果 $\psi(x)$ 是一维定态薛定谔方程的解,能量本征值为 E,则 $\psi^*(x)$ 也是本征值为 E 的该定态薛定谔方程的解。(2)若一维势场 $V(x)$ 具有空间反演不变性,即

$V(-x)=V(x)$，且 $\psi(x)$ 是定态薛定谔方程本征值为 E 的解，则 $\psi(-x)$ 也是定态薛定谔方程本征值为 E 的解。

证明：（1）$\psi(x)$ 是一维定态薛定谔方程的解，则有

$$-\frac{\hbar^2}{2m}\frac{\mathrm{d}^2\psi}{\mathrm{d}x^2}+V(x)\psi(x)=E\psi(x)$$

两边取复共轭，并利用 $V^*(x)=V(x)$，则得到

$$-\frac{\hbar^2}{2m}\frac{\mathrm{d}^2\psi^*(x)}{\mathrm{d}x^2}+V(x)\psi^*(x)=E\psi^*(x)$$

因此 $\psi^*(x)$ 也是本征值为 E 的该定态薛定谔方程的解。

（2）把定态薛定谔方程中的 x 换成 $-x$，注意到 $V(-x)=V(x)$，$\dfrac{\mathrm{d}^2}{\mathrm{d}(-x)^2}=\dfrac{\mathrm{d}^2}{\mathrm{d}x^2}$，得到

$$-\frac{\hbar^2}{2m}\frac{\mathrm{d}^2\psi^*(-x)}{\mathrm{d}(-x)^2}+V(-x)\psi^*(-x)=-\frac{\hbar^2}{2m}\frac{\mathrm{d}^2\psi^*(-x)}{\mathrm{d}x^2}+V(x)\psi^*(-x)=E\psi(-x)$$

因此，$\psi(-x)$ 也是定态薛定谔方程本征值为 E 的解。

结果说明，当 $V(-x)=V(x)$ 时，$\psi(x)$ 和 $\psi(-x)$ 都是同一方程的解。引入函数

$$\psi_s=\psi(x)+\psi(-x)\quad\text{和}\quad\psi_a=\psi(x)-\psi(-x)$$

则 ψ_s 和 ψ_a 也是方程的解，且 ψ_s 是偶函数，也称为具有偶宇称；ψ_a 是奇函数，也称为具有奇宇称。由此可知，在 $V(x)$ 具有空间反演不变性时，波函数的任何解都可以用具有确定宇称的解来表示。此处有

$$\psi(x)=\frac{1}{2}[\psi_s(x)+\psi_a(x)]\quad\text{及}\quad\psi(-x)=\frac{1}{2}[\psi_s(x)-\psi_a(x)]$$

[例6.6]　设定态薛定谔方程的能量本征值和本征函数分别为 $E_n,\psi_n,n=1,2,3,\cdots$。试证明不同本征值对应的本征函数相互正交，即 $(\psi_m,\psi_n)=0$，$m\neq n$。

证明：定态薛定谔方程实际上就是能量算符 $\hat H$ 的本征方程 $\hat H\psi_n=E_n\psi_n$，且 $\hat H^+=\hat H$，因此

$$(\psi_m,\hat H\psi_n)=(\hat H\psi_m,\psi_n)$$
$$(\psi_m,E_n\psi_n)=(E_m\psi_m,\psi_n)$$
$$(E_n-E_m^*)(\psi_m,\psi_n)=0$$

而厄米算符的本征值为实数，即 $E_m^*=E_m$。当 $m\neq n$ 时，有 $E_n\neq E_m$，因此只能是

$$(\psi_m,\psi_n)=0$$

[例6.7]　设粒子所受外力 $\vec F=-\nabla V(\vec r)$，试证明动量与力的平均值满足牛顿方程 $\dfrac{\mathrm{d}\bar p}{\mathrm{d}t}=\bar F$。

证明：设粒子所处状态波函数为 ψ，由平均值的定义

$$\bar p=(\psi,\hat p\psi)=-\mathrm{i}\hbar(\psi,\nabla\psi)$$
$$\bar F=(\psi,\hat F\psi)=-(\psi,(\nabla V)\psi)$$

对动量平均值求时间的导数，同时利用动量算符 $\hat p=-\mathrm{i}\hbar\nabla$ 与 Hamilton 算符的厄米性及方程 $\dfrac{\partial\psi}{\partial t}=\dfrac{1}{\mathrm{i}\hbar}\hat H\psi$，得

61

$$\frac{\mathrm{d}\,\overline{p}}{\mathrm{d}t} = \left(\frac{\partial\psi}{\partial t},\hat{p}\psi\right) + \left(\psi,\frac{\partial}{\partial t}\hat{p}\psi\right) = \left(\frac{\partial\psi}{\partial t},\hat{p}\psi\right) + \left(\psi,\hat{p}\,\frac{\partial}{\partial t}\psi\right)$$

$$= \left(\frac{1}{\mathrm{i}\hbar}\hat{H}\psi,\hat{p}\psi\right) + \left(\psi,\frac{1}{\mathrm{i}\hbar}\hat{p}\hat{H}\psi\right) = -\frac{1}{\mathrm{i}\hbar}(\psi,\hat{H}\hat{p}\psi) + \frac{1}{\mathrm{i}\hbar}(\psi,\hat{p}\hat{H}\psi)$$

$$= -\frac{1}{\mathrm{i}\hbar}(\psi,[\hat{H},\hat{p}]\psi)$$

其中对易算符 $[\hat{H},\hat{p}] = \left[-\frac{\hbar^2}{2m}\Delta + V(\vec{r}),\ -\mathrm{i}\hbar\ \nabla\right] = \mathrm{i}\hbar(\nabla V)$，代回原式可得

$$\frac{\mathrm{d}\,\vec{p}}{\mathrm{d}t} = -\frac{1}{\mathrm{i}\hbar}(\psi,\mathrm{i}\hbar(\nabla V)\psi) = -(\psi,(\nabla V)\psi) = \overline{F}$$

6.4　一维无限深方势阱

设一维空间中运动的粒子被限制在一定的区域中自由运动，而在此区域外势能无穷大，则此类势场称为一维无限深方势阱，如图6.1所示。

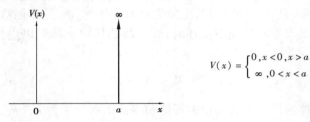

$$V(x) = \begin{cases} 0, & x<0, x>a \\ \infty, & 0<x<a \end{cases}$$

图6.1　一维无限深方势阱

由于势阱外区域势能无穷大，粒子不可能出现在 $x<0$ 和 $x>a$ 的范围，因此波函数为0，粒子被限制在 $(0,a)$ 之间运动。一般称波函数在无穷远处为0时的状态称为束缚态，而处于束缚态的粒子能级是分立的。

粒子在一维无限深方势阱中的运动属于定态问题，设波函数为 $\psi(x)$，根据定态薛定谔方程及势阱边界条件，可得到如下的本征值问题：

$$-\frac{\hbar^2}{2m}\frac{\mathrm{d}^2\psi}{\mathrm{d}x^2} = E\psi \tag{6.13}$$

$$\psi\,|_{x=0} = 0,\psi\,|_{x=a} = 0 \tag{6.14}$$

对于 $E\leqslant 0$ 的情形，定解问题只有0解；对于 $E>0$ 的情形，取 $\lambda = \sqrt{\dfrac{2mE}{\hbar^2}}$，方程的通解可表示为

$$\psi(x) = A\sin\lambda x + B\cos\lambda x \tag{6.15}$$

代入边界条件公式(6.14)，可得 $B=0,A\sin\lambda a=0$。A 不能再为0，否则就是0解，没有意义，这样就有 $\sin\lambda a=0$，从而得到 $\lambda a=n\pi$，也就是 $\lambda = \dfrac{n\pi}{a}$，代回得到能量本征值 E 为

$$E_n = \frac{\hbar^2\pi^2 n^2}{2ma^2}, n = 1,2,3,\cdots \tag{6.16}$$

相应的本征函数为

$$\psi_n(x) = A \sin \frac{n\pi}{a}x \tag{6.17}$$

由归一化条件,粒子只能在 $(0,a)$ 区间运动, $(\psi_n,\psi_n)=1$,可知

$$\int_0^a \psi_n^* \psi_n \mathrm{d}x = A^* A \int_0^a \sin^2 \frac{n\pi}{a} \mathrm{d}x = 1$$

可得 $|A|^2 \frac{a}{2} = 1$,取归一化系数 $A = \sqrt{\frac{2}{a}}$ 。由此得到一维无限深方势阱不含时间因子,能量本征值为 E_n 的归一化本征波函数

$$\psi_n(x) = \sqrt{\frac{2}{a}} \sin \frac{n\pi}{a}x \tag{6.18}$$

其相应的定态波函数是

$$\psi_n(x,t) = \psi_n(x)\mathrm{e}^{-\frac{\mathrm{i}}{\hbar}E_n t} = \sqrt{\frac{2}{a}} \sin \frac{n\pi}{a}x \mathrm{e}^{-\frac{\mathrm{i}}{\hbar}E_n t} \tag{6.19}$$

利用欧拉公式,波函数式(6.19)可改写为

$$\psi_n(x,t) = c_1 \mathrm{e}^{i\left(\frac{n\pi}{a}x - \frac{E_n}{\hbar}t\right)} + c_2 \mathrm{e}^{-i\left(\frac{n\pi}{a}x + \frac{E_n}{\hbar}t\right)}$$

这是两个频率相同、波矢大小相等但方向相反的平面波的叠加,因此具有驻波的形式。容易看出,此时的概率流密度矢量 $\vec{J} = 0$ 。另外,由德布罗意-爱因斯坦关系可知 $E_n = \hbar\omega_n$;同时,粒子在势阱内作自由运动, $E_n = \frac{p^2}{2m}$,动量大小为 $p = \frac{\hbar\pi n}{a}$,波矢大小正好是 $k = \frac{p}{\hbar} = \frac{\pi n}{a}$ 。但是应当注意,上面的理解只是近似的,因为粒子被限制在 $(0,a)$ 区间,不可能有真正的平面波,平面波只在 $(-\infty,\infty)$ 上才是严格的。

另外注意,与经典不同的是,一维无限深方势阱中运动的粒子有最低能量要求,且能级是不连续的。粒子能量最低的状态称为基态,即 $n=1$ 时的 E_1 。

由波函数 $\psi_n(x,t)$,可计算出能量为 E_n 时,粒子位置的概率密度分布:

$$w(x) = \psi^*\psi = \psi_n^*\psi_n = |\psi_n|^2 = \frac{2}{a}\sin^2 \frac{n\pi}{a}x \tag{6.20}$$

由于 ψ_n 已经归一化, $w(x)$ 就表示了粒子位置的绝对概率密度分布。结果表明,粒子在不同位置出现的概率是位置的函数,各点出现的概率是不同的,有极大与极小值,这又与经典结论明显不同。

[例 6.8]　求一维无限深势阱 $(0,a)$ 中运动的粒子处于基态及第一激发态时出现的最可几位置与位置的平均值 $\overline{x}$ 。

解:已知粒子归一化定态波函数为 $\psi_n(x) = \sqrt{\frac{2}{a}}\sin \frac{n\pi}{a}x$,概率密度分布函数为 $w(x) = \frac{2}{a}\sin^2 \frac{n\pi}{a}x$ 。基态及第一激发态对应 $n=1$ 及 $n=2$,相应的概率密度分布函数分别为 $w_1(x)$ 、 $w_2(x)$ 。由极值条件

$$\frac{\mathrm{d}w_1}{\mathrm{d}x} = 0 \Rightarrow \sin \frac{\pi}{a}x \cos \frac{\pi}{a}x = 0 \Rightarrow \sin \frac{2\pi}{a}x = 0 \Rightarrow x = 0, \frac{a}{2}, a$$

$x = 0$ 和 $x = a$ 处,$\psi_n = 0$,粒子出现的概率为 0,舍去;因此基态粒子最可几位置是 $x = \dfrac{a}{2}$ 处。

$$\frac{dw_2}{dx} = 0 \Rightarrow \sin\frac{2\pi}{a}x \cos\frac{2\pi}{a}x = 0 \Rightarrow \sin\frac{4\pi}{a}x = 0 \Rightarrow x = 0, \frac{a}{4}, \frac{a}{2}, \frac{3a}{4}, a$$

同理,$x = 0, \dfrac{a}{2}, a$,粒子出现的概率为 0,舍去;第一激发态最可几位置是 $x = \dfrac{a}{4}, \dfrac{3a}{4}$ 处。

由平均值的定义 $\bar{x} = (\psi_n, x\psi_n) = \dfrac{2}{a}\displaystyle\int_0^a x \sin^2\frac{n\pi}{a}x\, dx = \dfrac{a}{2}$,位置的平均值 $\bar{x}$ 与粒子所处态无关,都是在势阱的中心处,因此基态及第一激发态时粒子的平均坐标是 $a/2$;同时说明粒子位置的概率分布是对称的,这也可以从 $w(x)$ 中看出。

[例 6.9] 考虑具有对称性的一维无限深势阱 $(-a, a)$,即势能函数为

$$V(x) = \begin{cases} 0, & |x| < a \\ \infty, & |x| > a \end{cases}$$

求在此势阱中运动粒子的能量与波函数。

解: 由所给条件,可得定解问题

$$-\frac{\hbar^2}{2m}\frac{d^2\psi}{dx^2} = E\psi$$

$$\psi\big|_{x=\pm a} = 0$$

类似前面的讨论,只有 $E > 0$ 时才有非 0 解。取 $\lambda = \sqrt{\dfrac{2mE}{\hbar^2}}$,方程的通解可表示为

$$\psi(x) = A\sin\lambda x + B\cos\lambda x$$

代入边界条件可得

$$A\sin\lambda a + B\cos\lambda a = 0$$
$$-A\sin\lambda a + B\cos\lambda a = 0$$

系数 A, B 有非 0 解的条件是其系数行列式满足

$$\begin{vmatrix} \sin\lambda a & \cos\lambda a \\ -\sin\lambda a & \cos\lambda a \end{vmatrix} = 0$$

可得 $\sin\lambda a \cos\lambda a = 0 \Rightarrow \sin 2\lambda a = 0$,由此得到 $\lambda = \dfrac{n\pi}{2a}$,$n = 1, 2, 3, \cdots$。这样得到粒子的能量本征值

$$E_n = \frac{\hbar^2\pi^2 n^2}{8ma^2}$$

相应的本征波函数

$$\psi_n(x) = A\sin\frac{n\pi}{2a}x + B\cos\frac{n\pi}{2a}x$$

利用边界条件的两个结果,可知系数 A, B 不是独立的,有 $B\cos\dfrac{n\pi}{2} = A\sin\dfrac{n\pi}{2}$;当 n 为偶数时,有 $B = 0$;当 n 为奇数时,有 $A = 0$。代回后可将 ψ_n 改写为

$$\psi_n(x) = \frac{A}{\cos\dfrac{n\pi}{2}}\left[\sin\frac{n\pi}{2a}x \cos\frac{n\pi}{2} + \cos\frac{n\pi}{2a}x \sin\frac{n\pi}{2}\right] = C\sin\frac{n\pi}{2a}(x + a),\ n\text{ 为偶数}$$

$$\psi_n(x) = \frac{B}{\sin\frac{n\pi}{2}}\Big[\cos\frac{n\pi}{2a}x\sin\frac{n\pi}{2} + \sin\frac{n\pi}{2a}x\cos\frac{n\pi}{2}\Big] = C'\sin\frac{n\pi}{2a}(x+a), n \text{ 为奇数}$$

不管哪种情况,上面二式可合写成

$$\psi_n(x) = C\sin\frac{n\pi}{2a}(x+a),\ |x| < a$$

由归一化条件 $(\psi_n, \psi_n) = 1$,可计算得归一化系数 $C = \frac{1}{\sqrt{a}}$。

由于势能函数具有对称性 $V(-x) = V(x)$,所以波函数 $\psi(x)$ 和 $\psi(-x)$ 都是方程的解。可以看出,当 n 为偶数时,$\psi_n(x) = \frac{(-1)^{\frac{n}{2}}}{\sqrt{a}}\sin\frac{n\pi}{2a}x$ 是奇函数,具有奇宇称;当 n 为奇数时,$\psi_n(x) = \frac{(-1)^{\frac{n-1}{2}}}{\sqrt{a}}\cos\frac{n\pi}{2a}x$ 是偶函数,具有偶宇称。不论 n 取何整数,波函数 $\psi_n(x)$ 都具有确定的宇称。

6.5　线 性 谐 振 子

若粒子作一维运动并受到势能 $V(x) = \frac{1}{2}m\omega^2x^2$ 的作用,其中 m 为粒子质量,ω 为常数,则称这种运动粒子为线性谐振子。在经典力学中,线性谐振子的运动是简谐振动,ω 是其振动的圆频率,如在光滑的水平面上运动的弹簧振子。

线性谐振子是一类非常重要的运动模型,通常任何一个粒子在稳定的平衡点附近的运动都可以近似地用线性谐振子来表示;同时,由运动的叠加性质可知,任何复杂的周期或非同期振动也可以分解为一系列简谐振动,也就是用线性谐振子的运动来合成;另外,一维线性谐振子的运动模型还可以在一定条件下推广至三维空间。因此在量子力学中研究这种线性谐振子具有十分重要的意义。

一维线性谐振子的势能与时间无关,也属于定态问题,粒子能量由动能和势能组成,其哈密顿量 $H = \frac{p^2}{2m} + \frac{1}{2}m\omega^2x^2$,哈密顿算符为 $\hat{H} = -\frac{\hbar^2}{2m}\frac{d^2}{dx^2} + \frac{1}{2}m\omega^2x^2$。设其能量本征值为 E,波函数为 $\psi(x)$;同时注意到势能 $V(x)|_{|x|\to\infty} = \infty$,因此有 $\psi(x)|_{|x|\to\infty} = 0$,粒子的运动状态是束缚态。根据定态薛定谔方程及边界条件,可得到如下定解问题:

$$\Big[-\frac{\hbar^2}{2m}\frac{d^2}{dx^2} + \frac{1}{2}m\omega^2x^2\Big]\psi(x) = E\psi(x) \tag{6.21}$$

$$\psi(x)|_{|x|\to\infty} = 0 \tag{6.22}$$

为了书写简洁,引入参数 $\lambda = \frac{2E}{\hbar\omega}$ 与 $\alpha = \sqrt{\frac{m\omega}{\hbar}}$ 及变量 $\xi = \alpha x$。先将定态薛定谔方程(6.21)改写为

$$\frac{d^2}{dx^2} + \Big(\frac{2E}{\hbar\omega}\frac{m\omega}{\hbar} - \frac{m^2\omega^2}{\hbar^2}x^2\Big)\psi(x) = 0 \tag{6.23}$$

注意到 $\dfrac{d^2}{dx^2} = \alpha^2 \dfrac{d^2}{d\xi^2}$，因此式（6.23）又可写为

$$\frac{d^2}{d\xi^2} + (\lambda - \xi^2)\psi(\xi) = 0 \tag{6.24}$$

先考虑这个二阶变系数常微分方程的渐近解。当 $|\xi| \to \infty$ 时，λ 可以忽略，即方程在离平衡点较远处时近似为

$$\frac{d^2}{d\xi^2} - \xi^2\psi(\xi) = 0 \tag{6.25}$$

容易求得，方程（6.25）的通解为 $\psi(\xi) = C_1 e^{\frac{\xi^2}{2}} + C_2 e^{-\frac{\xi^2}{2}}$，这就是 $|\xi| \to \infty$ 时方程的渐近解。但由于 $\psi(x)\big|_{|x| \to \infty} = 0$ 的要求，只能取 $C_1 = 0$，得到 $\psi(\xi) = C e^{-\frac{\xi^2}{2}}$。

求出渐近解后，取一般解 $\psi(\xi) = H(\xi) e^{-\frac{\xi^2}{2}}$ 并代回方程（6.24），可得

$$\frac{d^2 H}{d\xi^2} - 2\xi\frac{dH}{d\xi} + (\lambda - 1)H = 0 \tag{6.26}$$

$H(\xi)$ 满足的方程（6.26）正是埃米特方程。由数学物理方法可知，在有限解要求的条件下，$H(\xi)$ 就是埃米特多项式，而常量 $\lambda - 1$ 只能取偶数，即

$$\lambda = 2n + 1 \quad (n = 0,1,2,3,\cdots)$$

由 $E = \dfrac{1}{2}\lambda\hbar\omega$ 可知线性谐振子的能量为

$$E_n = \frac{1}{2}\hbar\omega(2n + 1) = \hbar\omega\left(n + \frac{1}{2}\right) \tag{6.27}$$

由式（6.27）可以看到，线性谐振子的能量只能取一系列的分立值，其能级是分立的；相邻能级的间隔为 $\hbar\omega$，这正是普朗克所说的"一份能量"。线性谐振子的基态（$n=0$ 的态）能量

$$E_0 = \frac{1}{2}\hbar\omega$$

称为零点能。零点能的存在及能级的分立性是量子力学中线性谐振子与经典简谐振子的重要区别，大量实验证明了零点能的存在，如液体的表面张力，低温下固体的晶格振动等通过零点能得到较好的解释。

埃米特多项式用母函数可表示为

$$H_n(\xi) = (-1)^n e^{\xi^2}\frac{d^n}{dx^n}e^{-\xi^2} \tag{6.28}$$

由式（6.28）可得到下面两个重要的递推关系：

$$\frac{dH_n}{d\xi} = 2nH_{n-1}$$

$$H_{n+1} - 2\xi H_n + 2nH_{n-1} = 0$$

同时可很容易得到 n 较小时的前几项埃米特多项式的表达式：

$$H_0(\xi) = 1$$

$$H_1(\xi) = 2\xi$$

$$H_2(\xi) = 4\xi^2 - 2$$

$$H_3(\xi) = 8\xi^3 - 12\xi$$

$$H_4(\xi) = 16\xi^4 - 48\xi^2 + 12$$

另外,可以很容易地看出,$H_n(\xi)$ 要么是奇函数,要么是偶函数。当 n 是偶数时,$H_n(\xi)$ 是偶函数;当 n 为奇数时,$H_n(\xi)$ 则为奇函数,即

$$H_n(-\xi) = (-1)^n H_n(\xi)$$

求出埃米特多项式后,可得到线性谐振子的波函数:

$$\psi_n(\xi) = N_n H_n(\xi) e^{-\frac{\xi^2}{2}} \tag{6.29}$$

其中 N_n 为归一化系数,由归一化条件 $(\psi_n, \psi_n) = 1$ 可得

$$N_n = \sqrt{\frac{\alpha}{\sqrt{\pi} 2^n n!}}$$

显然,由 $H_n(\xi)$ 的奇偶性可知波函数 ψ_n 具有确定的宇称。当 n 是偶数时,有偶宇称;当 n 为奇数时,则为奇宇称,即

$$\psi_n(-\xi) = (-1)^n \psi_n(\xi) \tag{6.30}$$

同时,由埃米特多项式的两个递推关系可以得到波函数的常用递推关系:

$$\frac{d}{d\xi}\psi_n(\xi) = \sqrt{\frac{n}{2}}\psi_{n-1}(\xi) - \sqrt{\frac{n+1}{2}}\psi_{n+1}(\xi) \tag{6.31}$$

$$\xi\psi_n(\xi) = \sqrt{\frac{n}{2}}\psi_{n-1}(\xi) + \sqrt{\frac{n+1}{2}}\psi_{n+1}(\xi) \tag{6.32}$$

由波函数可以得到线性谐振子的概率密度 $|\psi_n(\xi)|^2$,可以看出其概率分布与经典情况大不相同,存在极值与节点(概率为 0 的极小值点),而且随着能级 n 的增加,极值点与节点数量也在增加。为了更清楚地说明这种不同,以下结合经典谐振子的运动进行对比。设经典谐振子的能量为 E,振动角频率为 ω,振幅为 A,运动初相位为 δ,则势能为 $\frac{1}{2}m\omega^2 x^2$ 的经典谐振子所受力为

$$\vec{F} = -\nabla V(x) = -m\omega^2 x$$

运动方程为

$$\frac{d^2 x}{dx^2} + \omega^2 x = 0$$

其解为 $x = A\sin(\omega t + \delta)$。振幅与能量的关系为 $E = \frac{1}{2}m\omega^2 A^2$,振子受制于能量大小,被限制在 $[-A, A]$ 区间运动,不能出现在区间之外。而量子力学中的谐振子虽然也作束缚运动,但仍可出现在 $|x| > A$ 的区域,只是在 $|x|$ 很大的区域出现的概率较小。

经典谐振子运动一周所需时间为一个周期 $T = \frac{2\pi}{\omega}$,运动速度 $v = \dot{x} = A\omega\cos(\omega t + \delta)$。设振子位置的概率密度为 $w(x)$,振子在区间 $[x, x+\Delta x]$ 内出现的时间为 $\frac{\Delta x}{v}$,则在此区间找到振子的概率为

$$w(x)\Delta x = 2\frac{\Delta x}{vT} = \frac{\Delta x}{\pi A\cos(\omega t + \delta)} = \frac{\Delta x}{\pi\sqrt{A^2 - x^2}}$$

$$w(x) = \frac{1}{\pi\sqrt{A^2 - x^2}}$$

可以证明，当量子数 n 较小时，经典与量子的差异明显；当 n 增加时，量子的情况就逐渐接近经典；而当 n 较大时，二者就变得非常相似，只是经典分布仍然是一条平滑的曲线，而量子分布则快速地振荡，但形成的包络线与经典一致。

以上是通过薛定谔方程求解线性谐振子问题，下面介绍一种源于狄拉克的代数解法。该方法简洁优美、逻辑严密，无须薛定谔方程，通过对算符、本征矢量等的分析就可得出线性谐振子的一些基本性质，是矩阵力学求解问题的一个经典例子。

针对线性谐振子的哈密顿算符 $\hat{H} = -\frac{\hbar^2}{2m}\frac{d^2}{dx^2} + \frac{1}{2}m\omega^2 x^2$，引入两个新算符 $\hat{Q}, \hat{P}$：

$$\hat{Q} = \sqrt{\frac{m\omega}{\hbar}}x, \hat{P} = \frac{1}{\sqrt{m\omega\hbar}}\hat{p} \tag{6.33}$$

显然，$\hat{Q}, \hat{P}$ 有对易关系 $[\hat{Q}, \hat{P}] = \frac{1}{\hbar}[x, \hat{p}] = i$，代入哈密顿算符中：

$$\hat{H} = \frac{\hat{p}^2}{2m} + \frac{1}{2}m\omega^2 x^2 = \frac{1}{2}\hbar\omega(\hat{Q}^2 + \hat{P}^2)$$

再引入算符 $\hat{a} = \frac{1}{\sqrt{2}}(\hat{Q} + i\hat{P})$，则其共轭厄米算符 $\hat{a}^+ = \frac{1}{\sqrt{2}}(\hat{Q} - i\hat{P})$，由此有

$$\hat{a}^+\hat{a} = \frac{1}{2}(\hat{Q} - i\hat{P})(\hat{Q} + i\hat{P}) = \frac{1}{2}(\hat{Q}^2 + \hat{P}^2 + i[\hat{Q}, \hat{P}]) = \frac{1}{2}(\hat{Q}^2 + \hat{P}^2 - 1)$$

哈密顿算符 $\hat{H}$ 可表示为

$$\hat{H} = \frac{\hat{p}^2}{2m} + \frac{1}{2}m\omega^2 x^2 = \frac{1}{2}\hbar\omega(\hat{Q}^2 + \hat{P}^2) = \frac{1}{2}\hbar\omega(2\hat{a}^+\hat{a} + 1) \tag{6.34}$$

由 $[\hat{Q}, \hat{P}] = i$，可以得到对易关系：

$$[\hat{a}, \hat{a}^+] = 1$$
$$[\hat{a}, \hat{a}^+\hat{a}] = \hat{a}$$
$$[\hat{a}^+, \hat{a}^+\hat{a}] = -\hat{a}^+$$
$$[\hat{a}^+\hat{a}, \hat{H}] = 0$$
$$[\hat{a}, \hat{H}] = \hbar\omega[\hat{a}, \hat{a}^+\hat{a}] = \hbar\omega\hat{a}$$
$$[\hat{a}^+, \hat{H}] = \hbar\omega[\hat{a}^+, \hat{a}^+\hat{a}] = -\hbar\omega\hat{a}^+$$

设算符 $\hat{H}$ 的本征值为 λ，相应的本征矢为 $|\lambda>$，则哈密顿算符 $\hat{H}$ 的本征方程为

$$\hat{H}|\lambda> = \lambda|\lambda>$$

由 $[\hat{a}, \hat{H}] = \hbar\omega\hat{a}$ 可知

$$\hat{H}\hat{a}|\lambda> = (\hat{a}\hat{H} - \hbar\omega\hat{a})|\lambda> = \hat{a}\hat{H}|\lambda> - \hbar\omega\hat{a}|\lambda> = (\lambda - \hbar\omega)\hat{a}|\lambda>$$

表明 $\hat{a}|\lambda>$ 也是 $\hat{H}$ 的本征矢，相应的本征值为 $\lambda - \hbar\omega$。同样有

$$\hat{H}\hat{a}^2|\lambda> = \hat{H}\hat{a}(\hat{a}|\lambda>) = (\hat{a}\hat{H} - \hbar\omega\hat{a})(\hat{a}|\lambda>) = \hat{a}\hat{H}(\hat{a}|\lambda>) - \hbar\omega\hat{a}(\hat{a}|\lambda>)$$
$$= (\lambda - \hbar\omega)\hat{a}(\hat{a}|\lambda>) - \hbar\omega\hat{a}(\hat{a}|\lambda>) = (\lambda - 2\hbar\omega)\hat{a}^2|\lambda>$$

也表明 $\hat{a}^2|\lambda>$ 是 $\hat{H}$ 的本征矢,相应的本征值为 $\lambda-2\hbar\omega$。以此类推,可以证明 $\hat{a}^n|\lambda>$ 是 $\hat{H}$ 的本征矢,相应的本征值为 $\lambda-n\hbar\omega$。

另一方面,由 $[\hat{a}^+,\hat{H}]=-\hbar\hat{\omega}a^+$ 可知

$$\hat{H}\hat{a}^+|\lambda>=(\hat{a}^+\hat{H}+\hbar\omega\hat{a}^+)|\lambda>=\hat{a}^+\hat{H}|\lambda>+\hbar\omega\hat{a}^+|\lambda>=(\lambda+\hbar\omega)\hat{a}^+|\lambda>$$

表明 $\hat{a}^+|\lambda>$ 也是 $\hat{H}$ 的本征矢,相应的本征值为 $\lambda+\hbar\omega$。同样可以证明,$a^{+2}|\lambda>$ 是 $\hat{H}$ 的本征矢,相应的本征值为 $\lambda+2\hbar\omega$;$a^{+n}|\lambda>$ 是 $\hat{H}$ 的本征矢,相应的本征值为 $\lambda+n\hbar\omega$。

综上所述,若已知 $\hat{H}$ 的本征值为 λ,相应的本征矢为 $|\lambda>$,则可求得本征值 $\lambda\pm n\hbar\omega$,相应的本征矢 $\hat{a}^{+n}|\lambda>$ 和 $\hat{a}^n|\lambda>$,$n=0,1,2,3,\cdots$。但本征值不会无限减小,应当存在一个下限,因为由哈密顿算符 $\hat{H}$ 的表达式可知

$$\hat{H}|\lambda>=\lambda|\lambda>\Rightarrow\frac{1}{2}\hbar\omega(2\hat{a}^+\hat{a}+1)|\lambda>=\lambda|\lambda>\Rightarrow\hbar\omega\hat{a}^+\hat{a}|\lambda>+\frac{1}{2}\hbar\omega|\lambda>=\lambda|\lambda>$$

对上式两边用 $<\lambda|$ 进行内积:

$$\hbar\omega<\lambda|\hat{a}^+\hat{a}|\lambda>+\frac{1}{2}\hbar\omega<\lambda|\lambda>=\lambda<\lambda|\lambda>$$

并利用本征矢的归一性质 $<\lambda|\lambda>=1$,可得

$$\hbar\omega<\lambda|\hat{a}^+\hat{a}|\lambda>=\lambda-\frac{1}{2}\hbar\omega$$

注意到左边式中 $<\lambda|\hat{a}^+\hat{a}|\lambda>=(\hat{a}|\lambda>)^+\hat{a}|\lambda>=|\hat{a}|\lambda>|^2$,也就是 $<\lambda|\hat{a}^+\hat{a}|\lambda>$ 是矢量 $\hat{a}|\lambda>$ 模的平方,不能小于 0,即有

$$<\lambda|\hat{a}^+\hat{a}|\lambda>\geqslant0\Rightarrow\lambda-\frac{1}{2}\hbar\omega\geqslant0\Rightarrow\lambda\geqslant\frac{1}{2}\hbar\omega$$

表明:本征值 λ 不能低于 $\frac{1}{2}\hbar\omega$;仅当 $\hat{a}|\lambda>=0$ 时,$\lambda=\frac{1}{2}\hbar\omega$。设最小本征值为 $\lambda_{\min}$,对应本征矢为 $|\lambda_{\min}>$,则有 $\lambda_{\min}\geqslant\frac{1}{2}\hbar\omega$;$\hat{H}$ 虽然没有本征值 $\lambda_{\min}-\hbar\omega$,但常数 $\lambda_{\min}-\hbar\omega$ 存在,因此 $\hat{H}\hat{a}|\lambda_{\min}>=(\lambda_{\min}-\hbar\omega)\hat{a}|\lambda_{\min}>$ 仍然成立,但 $\hat{a}|\lambda_{\min}>$ 又不能是本征矢,故只能取 $\hat{a}|\lambda_{\min}>=0$,由此 $\hat{H}$ 的最小本征值就是 $\frac{1}{2}\hbar\omega$。

本征值 λ 有下限 $\frac{1}{2}\hbar\omega$,那有没有上限呢? 由 $[\hat{a},\hat{a}^+]=1$ 可得

$$\hbar\omega<\lambda|\hat{a}^+\hat{a}|\lambda>=\lambda-\frac{1}{2}\hbar\omega\Rightarrow\hbar\omega<\lambda|\hat{a}\hat{a}^+|\lambda>=\lambda+\frac{1}{2}\hbar\omega$$

由于 λ 有最小值限制,所以 $\lambda+\frac{1}{2}\hbar\omega\neq0\Rightarrow<\lambda|\hat{a}\hat{a}^+|\lambda>\neq0\Rightarrow\hat{a}^+|\lambda>\neq0$,因此本征值大小没有上限。这样可得到线性谐振子的本征值系列:$\frac{1}{2}\hbar\omega,\frac{3}{2}\hbar\omega,\frac{5}{2}\hbar\omega,\cdots,\hbar\omega\left(n+\frac{1}{2}\right),\cdots(n=0,1,2,3,\cdots)$

把本征值为 $\hbar\omega\left(n+\dfrac{1}{2}\right)$ 时对应的本征矢改记为 $|n>$,则本征方程为

$$\hat{H}|0> = \frac{1}{2}\hbar\omega|0>$$

$$\hat{H}|1> = \frac{1}{2}\hbar\omega|1>$$

$$\vdots$$

$$\hat{H}|n> = \left(n+\frac{1}{2}\right)\hbar\omega|n> \tag{6.35}$$

若取 $|n>$ 为基矢量,哈密顿算符 $\hat{H}$ 在自身的表象中是对角矩阵,对角线上的各元素就是其本征值:

$$H = \begin{bmatrix} \dfrac{1}{2}\hbar\omega & 0 & \cdots \\ 0 & \dfrac{3}{2}\hbar\omega & \cdots \\ \vdots & \vdots & \cdots \end{bmatrix}$$

由 $\hat{H}|n> = \left(n+\dfrac{1}{2}\right)\hbar\omega|n>$ 及 $\hat{H} = \dfrac{1}{2}\hbar\omega(2\hat{a}^+\hat{a}+1)$,可以看出 $\hat{a}^+\hat{a}|n> = n|n>$。引入算符 $\hat{N} = \hat{a}^+\hat{a}$,则 $\hat{N}|n> = n|n>$。$\hat{N}$ 称为粒子数算符。

由于 $\hat{a}|n>$ 是 $\hat{H}$ 的本征矢,本征值为 $\left[(n-1)+\dfrac{1}{2}\right]\hbar\omega$,而此本征值对应的唯一归一化本征矢为 $|n-1>$,因此 $\hat{a}|n>$ 与 $|n-1>$ 的差别只在一个常数乘积因子,设为 C_n,则有

$$\hat{a}|n> = C_n|n-1> \qquad 和 \qquad <n|\hat{a}^+ = C_n^* <n-1|$$

$$<n|\hat{a}^+\hat{a}|n> = C_n^* C_n <n-1|n-1> = |C_n|^2$$

$$|C_n|^2 = <n|\hat{a}^+\hat{a}|n> = n \Rightarrow C_n = \sqrt{n}$$

$$\hat{a}|n> = \sqrt{n}|n-1> \tag{6.36}$$

同时,$\hat{a}^+|n>$ 也是 $\hat{H}$ 的本征矢,本征值为 $\left[(n+1)+\dfrac{1}{2}\right]\hbar\omega$,而此本征值对应的唯一归一化本征矢为 $|n+1>$,因此 $\hat{a}^+|n>$ 与 $|n+1>$ 的差别只在一个常数乘积因子,设为 D_n,则有

$$\hat{a}^+|n> = D_n|n+1> \quad 和 \quad <n|\hat{a} = D_n^* <n+1|$$

$$<n|\hat{a}\hat{a}^+|n> = D_n D_n^* <n+1|n+1> = |D_n|^2$$

$$|D_n|^2 = <n|\hat{a}\hat{a}^+|n> = <n|\hat{a}^+\hat{a}+1|n> = <n|\hat{N}+1|n> = n+1 \Rightarrow D_n = \sqrt{n+1}$$

$$\hat{a}^+|n> = \sqrt{n+1}|n+1> \tag{6.37}$$

由此可计算 $\hat{a}^+$ 与 $\hat{a}$ 在 $\hat{H}$ 表象中的矩阵形式。容易得到 $\hat{a}$ 在 $\hat{H}$ 表象中的矩阵元为(注意到 n 是从 0 取值,而矩阵的行列下标是从 1 开始)

$$a_{ij} = <i-1|\hat{a}|j-1> = \begin{cases} 0, & i \neq j-1 \\ \sqrt{i}, & i = j-1 \end{cases}$$

用矩阵表示为

$$\hat{a} = \begin{bmatrix} 0 & \sqrt{1} & 0 & 0 & \cdots \\ 0 & 0 & \sqrt{2} & 0 & \cdots \\ 0 & 0 & 0 & \sqrt{3} & \cdots \\ 0 & 0 & 0 & 0 & \cdots \\ \vdots & \vdots & \vdots & \vdots & \cdots \end{bmatrix}$$

而算符 $\hat{a}^+$ 在 $\hat{H}$ 表象中的矩阵元为($\hat{a}^+$ 的矩阵也可由 $\hat{a}$ 的矩阵转置加复共轭得到)

$$a_{ij}^+ = <i-1\mid \hat{a}\mid j-1> = \begin{cases} 0, i \neq j+1 \\ \sqrt{i}, i = j+1 \end{cases}$$

用矩阵表示为

$$\hat{a} = \begin{bmatrix} 0 & 0 & 0 & 0 & \cdots \\ \sqrt{1} & 0 & 0 & 0 & \cdots \\ 0 & \sqrt{2} & 0 & 0 & \cdots \\ 0 & 0 & \sqrt{3} & 0 & \cdots \\ \vdots & \vdots & \vdots & \vdots & \cdots \end{bmatrix}$$

　　下面简要讨论算符 $\hat{a}^+$,$\hat{a}$ 与 $\hat{N}$ 的意义。线性谐振子的哈密顿算符 $\hat{H}$ 的本征能量是$(n+\frac{1}{2})\hbar\omega$,除去零点能$\frac{1}{2}\hbar\omega$,能量是 $\hbar\omega$ 的 n 倍;按波粒二象性的德布罗意 - 爱因斯坦关系知道,$\hbar\omega$ 是一个自由粒子或平面波的能量,而且谐振子的能量只能以 $\hbar\omega$ 为单位改变,因此一个谐振子的能量可以看成由 n 个粒子构成的体系,每一个粒子的能量就是 $\hbar\omega$。也即表明:当振子处于态$|n>$时,体系中有 n 个粒子。当算符 $\hat{a}^+$ 作用在态$|n>$上时,体系由状态$|n>$变为$|n+1>$,也就是体系的粒子数由 n 个增加到 $n+1$ 个,因此算符 $\hat{a}^+$ 称为粒子数产生算符(也称为升算符)。类似地,当 $\hat{a}$ 作用在态$|n>$上时,体系由状态$|n>$变为$|n-1>$,也就是体系的粒子数由 n 个减少到 $n-1$ 个,因此算符 $\hat{a}$ 称为粒子数湮没算符(也称为降算符);而算符 $\hat{N}$ 作用在$|n>$态上后,体系粒子数不变,$|n>$态是算符 $\hat{N}$ 的本征态,其本征值正是粒子数 n,故算符 $\hat{N}$ 称为粒子数算符。由于上述原因,以$|n>$态为基矢量的表象称为占有数表象。显然,若以坐标为变量,有

$$|n> = \psi_n(\xi) = N_n H_n(\xi) e^{-\frac{\xi^2}{2}}$$
$$\xi = \alpha x$$

[例 6.10]　设 $H_n(x)$ 为 n 阶埃米特多项式,试证明$\dfrac{\mathrm{d}H_n(x)}{\mathrm{d}x} = 2nH_{n-1}(x)$。

证明:由埃米特多项式的母函数表示 $H_n(x) = (-1)^n e^{x^2} \dfrac{\mathrm{d}^n}{\mathrm{d}x^n} e^{-x^2}$,两边求导可得

$$\frac{\mathrm{d}H_n(x)}{\mathrm{d}x} = 2(-1)^n x e^{x^2} \frac{\mathrm{d}^n e^{-x^2}}{\mathrm{d}x^n} + (-1)^n e^{x^2} \frac{\mathrm{d}^{n+1} e^{-x^2}}{\mathrm{d}x^{n+1}}$$

$$= 2(-1)^n x e^{x^2} \frac{d^n e^{-x^2}}{dx^n} + (-1)^n e^{x^2} \frac{d^n}{dx^n}\left(\frac{de^{-x^2}}{dx}\right)$$

$$= 2(-1)^n x e^{x^2} \frac{d^n e^{-x^2}}{dx^n} + (-1)^n e^{x^2} \frac{d^n}{dx^n}(-2x e^{-x^2})$$

$$= 2(-1)^n x e^{x^2} \frac{d^n e^{-x^2}}{dx^n} + (-1)^n e^{x^2}\left(-2x \frac{d^n e^{-x^2}}{dx^n} - 2n \frac{d^{n-1} e^{-x^2}}{dx^{n-1}}\right)$$

$$= 2n(-1)^{n+1} e^{x^2} \frac{d^{n-1} e^{-x^2}}{dx^{n-1}} = 2n H_{n-1}(x)$$

其中用到了莱布尼兹求导公式 $(uv)^{(n)} = \sum_{k=0}^{n} C_n^k u^{(k)} v^{(n-k)}$。

[例6.11] $\hat{a}^+$ 与 $\hat{a}$ 为线性谐振子的升降算符，$|n>$ 为本征矢。试证明 $|n> = \frac{1}{\sqrt{n!}}(\hat{a}^+)^n|0>$ 与 $|0> = \frac{1}{\sqrt{n!}}\hat{a}^n|n>$。

证明：由 $\hat{a}^+|n> = \sqrt{n+1}|n+1>$ 可得

$\hat{a}^+|0> = \sqrt{1}|1> \Rightarrow \hat{a}^+(\hat{a}^+|0>) = (\hat{a}^+)^2|0> = \hat{a}^+(\sqrt{1}|1>) = \sqrt{1}\sqrt{2}|2> = \sqrt{2!}|2>$

$\Rightarrow \hat{a}^+(\hat{a}^+)^2|0> = (\hat{a}^+)^3|0> = \sqrt{1}\sqrt{2}\hat{a}^+|2> = \sqrt{1}\sqrt{2}\sqrt{3}|3> = \sqrt{3!}|3>$

$\Rightarrow \cdots$

$\Rightarrow (\hat{a}^+)^n|0> = \hat{a}^+(\sqrt{(n-1)!}|n-1>) = \sqrt{(n-1)!}(\hat{a}^+|n-1>) = \sqrt{n!}|n>$

$|n> = \frac{1}{\sqrt{n!}}(\hat{a}^+)^n|0>$

由 $\hat{a}|n> = \sqrt{n}|n-1>$ 可得

$\hat{a}|n> = \sqrt{n}|n-1> \Rightarrow \hat{a}(\hat{a}|n>) = \hat{a}(\sqrt{n}|n-1>)$

$\Rightarrow \hat{a}^2|n> = \sqrt{n}(\hat{a}|n-1>) = \sqrt{n}\sqrt{n-1}|n-2>$

$\Rightarrow \hat{a}^3|n> = \sqrt{n(n-1)}(\hat{a}|n-2>) = \sqrt{n(n-1)(n-2)}|n-3>$

$\Rightarrow \cdots$

$\Rightarrow \hat{a}^n|n> = \sqrt{n(n-1)(n-2)\cdots(n-(n-2))}(\hat{a}|1>) = \sqrt{n!}|0>$

$|0> = \frac{1}{\sqrt{n!}}\hat{a}^n|n>$

[例6.12] 求线性谐振子处于基态及第一激发态时坐标的概率分布和粒子最可几位置。

解：处于基态时 $n=0$，波函数为 $\psi_0(x) = \sqrt{\frac{\alpha}{\sqrt{\pi}}} e^{-\frac{1}{2}\alpha^2 x^2} H_0(\alpha x)$，$H_0(\alpha x)=1$；坐标的概率分布密度为 $w_0(x) = |\psi_0(x)|^2 = \frac{\alpha}{\sqrt{\pi}} e^{-\alpha^2 x^2}$；由极值条件 $\frac{dw_0(x)}{dx}=0 \Rightarrow x=0$，可知粒子出现的最可几位置是 0 处。

处于第一激发态 $n=1$，波函数为 $\psi_0(x) = \sqrt{\frac{\alpha}{2\sqrt{\pi}}} e^{-\frac{1}{2}\alpha^2 x^2} H_1(\alpha x)$，$H_1(\alpha x)=2\alpha x$；坐标的概率分布密度为 $w_1(x) = |\psi_1(x)|^2 = \frac{2\alpha^3}{\sqrt{\pi}} x^2 e^{-\alpha^2 x^2}$；由极值条件 $\frac{dw_1(x)}{dx}=0 \Rightarrow x=0, \pm\frac{1}{\alpha}$。但 $x=0$

处 $w_1(x) = 0$，因此粒子出现的最可几位置是 $\pm\dfrac{1}{\alpha}$。

[例 6.13]　一维线性谐振子处于 $|n>$ 态，求此态下坐标 x，动量 p 的平均值及 $\overline{\Delta x^2}$，$\overline{\Delta p^2}$。

解：由 $\hat{Q} = \sqrt{\dfrac{m\omega}{\hbar}}x$，$\hat{P} = \dfrac{1}{\sqrt{m\omega\hbar}}\hat{p}$，$\hat{a} = \dfrac{1}{\sqrt{2}}(\hat{Q}+i\hat{P})$ 及 $\hat{a}^+ = \dfrac{1}{\sqrt{2}}(\hat{Q}-i\hat{P})$，可得

$$x = \sqrt{\frac{\hbar}{2m\omega}}(\hat{a}+\hat{a}^+) \quad 与 \quad \hat{p} = -i\sqrt{\frac{m\omega\hbar}{2}}(\hat{a}-\hat{a}^+)$$

$$\bar{x} = <n|x|n> = \sqrt{\frac{\hbar}{2m\omega}}<n|(\hat{a}+\hat{a}^+)|n>$$

$$= \sqrt{\frac{\hbar}{2m\omega}}(<n|\hat{a}|n>+<n|\hat{a}^+|n>)$$

$$= \sqrt{\frac{\hbar}{2m\omega}}(\sqrt{n}<n|n-1>+\sqrt{n+1}<n|n+1>) = 0$$

此处利用了本征矢 $|n>$ 的正交性，即 $<n|n-1> = <n|n+1> = 0$。同样有

$$\bar{p} = <n|\hat{p}|n> = -i\sqrt{\frac{m\omega\hbar}{2}}<n|(\hat{a}-\hat{a}^+)|n>$$

$$= -i\sqrt{\frac{m\omega\hbar}{2}}(<n|\hat{a}|n>-<n|\hat{a}^+|n>) = 0$$

因此，坐标与动量的平均值都是 0。

由于 $\overline{\Delta x^2} = \overline{x^2}-\bar{x}^2 = \overline{x^2}$，$\overline{\Delta p^2} = \overline{p^2}-\bar{p}^2 = \overline{p^2}$，因此先计算坐标与动量平方的平均值。

$$\overline{x^2} = <n|x^2|n> = \frac{\hbar}{2m\omega}<n|(\hat{a}+\hat{a}^+)^2|n>$$

$$= \frac{\hbar}{2m\omega}<n|(\hat{a}^2+\hat{a}\hat{a}^++\hat{a}^+\hat{a}+\hat{a}^{+2})|n>$$

$$= \frac{\hbar}{2m\omega}(<n|\hat{a}^2|n>+<n|\hat{a}\hat{a}^+|n>+<n|\hat{a}^+\hat{a}|n>+<n|\hat{a}^{+2}|n>)$$

显然有 $<n|\hat{a}^2|n> = 0$、$<n|\hat{a}^{+2}|n> = 0$；$<n|\hat{a}^+\hat{a}|n> = n$、$<n|\hat{a}\hat{a}^+|n> = n+1$。这样

$$\overline{x^2} = \frac{\hbar}{2m\omega}(2n+1)$$

$$\overline{p^2} = <n|\hat{p}^2|n> = -\frac{m\omega\hbar}{2}<n|(\hat{a}-\hat{a}^+)^2|n>$$

$$= -\frac{m\omega\hbar}{2}<n|(\hat{a}^2-\hat{a}\hat{a}^+-\hat{a}^+\hat{a}+\hat{a}^{+2})|n>$$

$$= \frac{m\omega\hbar}{2}(2n+1)$$

所求结果为

$$\overline{\Delta x^2} = \overline{x^2} = \frac{\hbar}{2m\omega}(2n+1)、\overline{\Delta p^2} = \overline{p^2} = \frac{m\omega\hbar}{2}(2n+1)$$

注意到 $\overline{\Delta x^2}\cdot\overline{\Delta p^2} = \dfrac{\hbar^2}{4}(2n+1)^2 \geq \dfrac{\hbar^2}{4}$，满足测不准原理。

[例 6.14]   利用测不准原理估计一维线性谐振子的最低能量。

解: 由谐振子的哈密顿量可知,其平均能量 $\overline{E} = \dfrac{\overline{p^2}}{2m} + \dfrac{1}{2}m\omega^2\,\overline{x^2}$。再由例 6.13 的计算结果可知 $\overline{x} = 0, \overline{p} = 0$,有 $\overline{\Delta x^2} = \overline{x_2} - \overline{x}^2 = \overline{x^2}, \overline{\Delta p^2} = \overline{p^2} - \overline{p}^2 = \overline{p^2}$,所以

$$\overline{E} = \frac{\overline{\Delta p^2}}{2m} + \frac{1}{2}m\omega^2\,\overline{\Delta x^2}$$

由测不准关系 $\overline{\Delta x^2}\,\overline{\Delta p^2} \geqslant \dfrac{\hbar^2}{4}$ 可知,$\overline{\Delta x^2}$ 或 $\overline{\Delta p^2}$ 不会同时为 0,可设 $\overline{\Delta x^2}$ 不为 0,则 $\overline{\Delta p^2} \geqslant \dfrac{\hbar^2}{4}\dfrac{1}{\overline{\Delta x^2}}$,并代入上式得

$$\overline{E} \geqslant \frac{\hbar^2}{8m}\frac{1}{\overline{\Delta x^2}} + \frac{1}{2}m\omega^2\,\overline{\Delta x^2}$$

此不等式表明 $\overline{E}$ 的下限随 $\overline{\Delta x^2}$ 而不同,而 $\overline{E}$ 的最低下界可由极值条件求得。取

$$f(\overline{\Delta x^2}) = \frac{\hbar^2}{8m}\frac{1}{\overline{\Delta x^2}} + \frac{1}{2}m\omega^2\,\overline{\Delta x^2}$$

由极值条件 $\dfrac{\mathrm{d}f}{\mathrm{d}\,\overline{\Delta x^2}} = 0$ 可得 $\overline{\Delta x^2} = \dfrac{\hbar}{2m\omega}$,代回可得

$$\min f(\overline{\Delta x^2}) = f\left(\frac{\hbar}{2m\omega}\right) = \frac{\hbar^2}{8m}\frac{2m\omega}{\hbar} + \frac{1}{2}m\omega^2\frac{\hbar}{2m\omega} = \frac{1}{2}\hbar\omega$$

由 $\overline{E} \geqslant \min f = \dfrac{1}{2}\hbar\omega$ 可知,最低能量就是 0 点能。

[例 6.15]   求在动量表象中线性谐振子的能量本征函数。

解: 在算符公设一节中讲过,在动量表象中,取动量为变量,$\hat{p} = p$,而坐标算符表示为 $\hat{x} = i\hbar\dfrac{\partial}{\partial p}$。因此动量表象中的哈密顿算符为

$$\hat{H}_p = \frac{\hat{p}^2}{2m} + \frac{1}{2}m\omega^2\hat{x}^2 = \frac{p^2}{2m} - \frac{1}{2}m\omega^2\hbar^2\frac{\mathrm{d}^2}{\mathrm{d}p^2}$$

若取 $m_p = \dfrac{1}{m\omega^2}$,则上式可改写成

$$\hat{H}_p = -\frac{\hbar^2}{2m_p}\frac{\mathrm{d}^2}{\mathrm{d}p^2} + \frac{1}{2}m_p\omega^2 p^2$$

可以看出,$\hat{H}_p$ 与坐标表象中的哈密顿算符 $\hat{H}$ 在形式上是完全一致的,只是 x 变为 p,m 变为 m_p,因此对应的本征方程的解法是一样的。参照上述线性谐振子的求解过程,容易写出动量表象中的本征波函数

$$\psi_n(p) = N_n H_n(\beta p)\mathrm{e}^{-\frac{\beta^2 p^2}{2}}$$

其中 $N_n = \sqrt{\dfrac{\beta}{\sqrt{\pi}2^n n!}}, \beta = \sqrt{\dfrac{m_p\omega}{\hbar}} = \sqrt{\dfrac{1}{m\omega\hbar}}$。

6.6 一维方形势垒

在一维无限深势阱和线性谐振子的情况下,势场在无穷远处是无限大,波函数在无穷远处为 0,粒子运动被局限在有限区域,体系的能级是分立的,这就是所谓的束缚态。当势能在无穷远处为 0 或有限值时,粒子可以运动至无穷远处,因此波函数在无穷远处也不为 0,这种情况就不属于束缚态,能量可以取连续的任意值,或者说能级的间隔无穷小,构成所谓的"连续谱",如自由粒子的运动。当粒子从无穷远处来,运动经过存在势场的区域时,粒子可能被势场反射,也可能穿透势垒,然后又运动向无穷远处,此类问题属于粒子被势场散射问题,比较简单的情形就是一维方形势垒的散射问题。

设粒子在一维空间中运动,势能如图 6.2 所示。

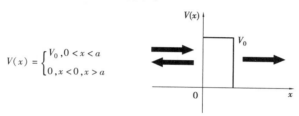

$$V(x) = \begin{cases} V_0, 0 < x < a \\ 0, x < 0, x > a \end{cases}$$

图 6.2 一维方形势垒

设粒子的质量为 m,波函数为 $\psi(x)$,能量为 E,则由定态薛定谔方程有

$$-\frac{\hbar^2}{2m}\frac{d^2\psi(x)}{dx^2} = E\psi(x), (x < 0, x > a) \tag{6.38a}$$

$$\left[-\frac{\hbar^2}{2m}\frac{d^2}{dx^2} + V_0\right]\psi(x) = E\psi(x), (0 < x < a) \tag{6.38b}$$

依据粒子能量 E 与势能 V_0 的大小,分两种情况($E > V_0$ 和 $E < V_0$)讨论。

① 当 $E > V_0$ 时,取 $k_1 = \sqrt{\frac{2mE}{\hbar^2}}$,$k_2 = \sqrt{\frac{2m(E-V_0)}{\hbar^2}}$,则式(6.38)两个方程可改写为

$$\frac{d^2\psi(x)}{dx^2} + k_1^2\psi(x) = 0 \quad 和 \quad \frac{d^2\psi(x)}{dx^2} + k_2^2\psi(x) = 0$$

在 $x < 0$ 的区域内,由第一个方程解得

$$\psi_1(x) = A_1 e^{ik_1 x} + A_2 e^{-ik_1 x}$$

在 $0 < x < a$ 的区域内,由第二方程解得

$$\psi_2(x) = B_1 e^{ik_2 x} + B_2 e^{-ik_2 x}$$

在 $x > a$ 的区域内,由第一方程解得

$$\psi_3(x) = C_1 e^{ik_1 x} + C_2 e^{-ik_1 x}$$

容易看出,这三个区域的波函数 $\psi_1(x)$、$\psi_2(x)$、$\psi_3(x)$ 各自乘上时间因子 $e^{-\frac{i}{\hbar}Et}$ 后,就表示由右向传播的平面波和左向传播的平面波的叠加,由此构成三个区域的定态波函数,k_1,k_2 为波矢。对于散射问题,仅考虑入射波的反射与透射情况。若假设入射波为平面波,从左边无穷远处向右而来,经过方形势垒的散射后,在 $x < 0$ 的区域内应当有入射波和反射波,A_1 为入射波幅,A_2

75

为反射波幅;在 $x > a$ 的区域内仅有透射波,C_1 为透射波幅;不存在从右面无穷远处向左的平面波,因此 $C_2 = 0$。

由边界条件 $\psi_1 |_{x=0} = \psi_2 |_{x=0}, \psi_2 |_{x=a} = \psi_3 |_{x=a}, \dfrac{d\psi_1}{dx} |_{x=0} = \dfrac{d\psi_2}{dx} |_{x=0}, \dfrac{d\psi_2}{dx} |_{x=a} = \dfrac{d\psi_3}{dx} |_{x=a}$ 可得

$$A_1 + A_2 = B_1 + B_2$$
$$ik_1 A_1 - ik_1 A_2 = ik_2 B_1 - ik_2 B_2$$
$$B_1 e^{ik_2 a} + B_2 e^{-ik_2 a} = C_1 e^{ik_1 a}$$
$$B_1 e^{ik_2 a} + B_2 e^{-ik_2 a} = C_1 e^{ik_1 a}$$
$$ik_2 B_1 e^{ik_2 a} - ik_2 B_2 e^{-ik_2 a} = ik_1 C_1 e^{ik_1 a}$$

联解这 4 个方程可得到反射波、透射波波幅与入射波波幅的比值:

$$A_2 = \frac{2i(k_1^2 - k_2^2)\sin k_2 a}{(k_1 - k_2)^2 e^{ik_2 a} - (k_1 + k_2)^2 e^{-ik_2 a}} A_1$$

$$C_1 = \frac{4k_1 k_2 e^{-ik_1 a}}{(k_1 + k_2)^2 e^{-ik_2 a} - (k_1 - k_2)^2 e^{ik_2 a}} A_1$$

入射波的概率流密度为

$$\vec{J}_I = \frac{i\hbar}{2m}\left[A_1 e^{ik_1 x}\frac{d}{dx}(A_1 e^{ik_1 x})^* - (A_1 e^{ik_1 x})^*\frac{d}{dx}(A_1 e^{ik_1 x})\right]e_x = \frac{\hbar k_1}{m}|A_1|^2 e_x$$

由德布罗艺-爱因斯坦关系 $\vec{p} = h\vec{k}$ 可知,入射波概率流密度矢量还可表示为

$$\vec{J}_I = \frac{\vec{p}_1}{m}|A_1|^2 = |A_1|^2\vec{v}_1 = |A_1|^2 v_1 e_x$$

其中 $\vec{p}_1, \vec{v}_1$ 表示波矢为 $\vec{k}_1$ 时平面波对应自由粒子的动量和速度。如果把入射波理解为向 x 轴正向运动的自由粒子流,则概率流密度矢量大小正比于粒子流强度与速度,方向与粒子动量或速度同向。

反射波的概率流密度为

$$\vec{J}_R = \frac{i\hbar}{2m}\left[A_2 e^{-ik_1 x}\frac{d}{dx}(A_2 e^{-ik_1 x})^* - (A_2 e^{-ik_1 x})^*\frac{d}{dx}(A_2 e^{-ik_1 x})\right]e_x = -\frac{\hbar k_1}{m}|A_2|^2 e_x$$

透射波的概率流密度为

$$\vec{J}_D = \frac{i\hbar}{2m}\left[C_1 e^{ik_2 x}\frac{d}{dx}(C_1 e^{ik_2 x})^* - (C_1 e^{ik_2 x})^*\frac{d}{dx}(C_1 e^{ik_2 x})\right]e_x = \frac{\hbar k_1}{m}|C_1|^2 e_x$$

反射波与透射波概率流密度的意义可按对入射波的解释作相应的说明。

由入射波、反射波与透射波的概率流密度大小之比可得到反射系数和透射系数。反射系数定义为反射波与入射波概率流密度大小的比值,记为 R,则

$$R = \left|\frac{\vec{J}_R}{\vec{J}_I}\right| = \frac{|A_2|^2}{|A_1|^2} = \frac{(k_1^2 - k_2^2)^2 \sin^2 k_2 a}{(k_1^2 - k_2^2)^2 \sin^2 k_2 a + 4k_1^2 k_2^2} \tag{6.39}$$

透射系数为透射波与入射波概率流密度大小的比值,记为 D,则

$$D = \left|\frac{\vec{J}_D}{\vec{J}_I}\right| = \frac{|C_1|^2}{|A_1|^2} = \frac{4k_1^2 k_2^2}{(k_1^2 - k_2^2)^2 \sin^2 k_2 a + 4k_1^2 k_2^2} \tag{6.40}$$

显然有 $R + D = 1$，即 $|A_1|^2 = |A_2|^2 + |C_1|^2$，表明入射粒子一部分被势垒反射回 $x < 0$ 的区域，另一部分则穿透势垒进入到 $x > a$ 区域。若 $\sin k_2 a = 0$，则有 $D = 1$，入射波全部透射，称为共振透射。可以由 $k_2 a = n\pi$ 计算出共振透射时的共振能量

$$E = \frac{\pi^2 n^2 \hbar^2}{2ma^2} + V_0 \quad (n = 1, 2, 3, \cdots)$$

当 $k_2 = k_1$ 时，有 $V_0 = 0$，此时也有 $D = 1$，相当于势垒不存在时的情况。

②当 $E < V_0$ 时，同样取 $k_1 = \sqrt{\dfrac{2mE}{\hbar^2}}$，$k_2 = \sqrt{\dfrac{2m(E - V_0)}{\hbar^2}}$，但 k_2 为虚数，取 $k_2 = \mathrm{i}|k_2|$。方程的解法与前述相同，只需要把结果中的 k_2 换成 $\mathrm{i}|k_2|$，可得透射系数

$$D = \frac{4k_1^2 |k_2|^2}{(k_1^2 + |k_2|^2)^2 \mathrm{sh}^2(|k_2|a) + 4k_1^2 |k_2|^2} \tag{6.41}$$

其中 $\mathrm{sh}\, x$ 为双曲正弦函数。容易看出，在 $E < V_0$ 时，透射系数 $D = 1$ 的条件是 $a = 0$，即要求势垒厚度为 0，这当然没有意义，这时不存在共振透射。若 $E \to V_0 \Rightarrow k_2 \to 0$，$D \to \dfrac{4}{k_1^2 a^2 + 4}$，此时透射系数最大。

如果粒子能量很小，$E \ll V_0$，则可认为 $|k_2|a \gg 1$，$\mathrm{sh}(|k_2|a) \approx \dfrac{1}{2} \mathrm{e}^{|k_2|a}$，这样 D 可近似为

$$D \approx \frac{1}{\frac{1}{16}\left(\frac{k_1}{k_2} + \frac{k_2}{k_1}\right)^2 \mathrm{e}^{2|k_2|a} + 1} \approx 16\left(\frac{k_1}{k_2} + \frac{k_2}{k_1}\right)^2 \mathrm{e}^{-2|k_2|a} = D_0 \mathrm{e}^{-2|k_2|a} = D_0 \mathrm{e}^{-\frac{2a}{\hbar}\sqrt{2m(V_0 - E)}}$$

若 $k_1 \approx k_2$，则 D_0 为常数。容易看出，透射系数随势垒宽度和高度指数减少，因此一般不易观察到透射现象。粒子在能量 E 小于势垒高度 V_0 时仍能穿透势垒的现象称为隧道效应，这纯属量子效应。在经典力学中，粒子要越过势垒，其能量必须大于势垒高度，此时是完全通过，不存在反射，因此经典力学的结论是与量子力学完全不同的。隧道效应在金属电子冷发射和 α 粒子衰变等现象中得到证明，隧道二极管和扫描隧道显微镜等就是利用了隧道效应的特性制成的器件。

[例 6.16]　求解一维 $V(x) = V_0 \delta(x)$　$(V_0 > 0)$ 势垒的散射问题。

解：仍假设粒子从左方入射。相应的薛定谔方程为

$$\left[-\frac{\hbar^2}{2m}\frac{\mathrm{d}^2}{\mathrm{d}x^2} + V_0 \delta(x)\right]\psi(x) = E\psi(x)$$

由 δ 函数的性质可知，方程在 $x = 0$ 处发散，考虑对方程左右两边在区间 $[-\varepsilon, \varepsilon]$ 上进行积分：

$$-\frac{\hbar^2}{2m}\int_{-\varepsilon}^{\varepsilon}\frac{\mathrm{d}^2\psi(x)}{\mathrm{d}x^2}\mathrm{d}x + V_0\int_{-\varepsilon}^{\varepsilon}\delta(x)\psi(x)\mathrm{d}x = E\int_{-\varepsilon}^{\varepsilon}\psi(x)\mathrm{d}x$$

$$-\frac{\hbar^2}{2m}\left(\frac{\mathrm{d}\psi(x)}{\mathrm{d}x}\Big|_{x=\varepsilon} - \frac{\mathrm{d}\psi(x)}{\mathrm{d}x}\Big|_{x=-\varepsilon}\right) + V_0\psi(0) = E\int_{-\varepsilon}^{\varepsilon}\psi(x)\mathrm{d}x$$

令 $\varepsilon \to 0$，由于波函数的有界性，有 $\int_{-\varepsilon}^{\varepsilon}\psi(x)\mathrm{d}x\big|_{\varepsilon \to 0} = 0$，有

$$\psi'(0^+) - \psi'(0^-) = \frac{2mV_0}{\hbar^2}\psi(0)$$

表明波函数的一阶导数在 0 处不连续，但波函数本身是连续的，有 $\psi(0^+) = \psi(0^-) = $

$\psi(0)$。

在 $x < 0$ 的区域内,薛定谔方程为

$$-\frac{\hbar^2}{2m}\frac{\mathrm{d}^2}{\mathrm{d}x^2}\psi(x) = E\psi(x)$$

其解为 $\psi(x) = A\mathrm{e}^{ikx} + B\mathrm{e}^{-ikx}$,$k = \frac{2mE}{\hbar^2}$,第一项为入射波,第二项为反射波。在 $x > 0$ 时,方程相同,但不考虑从右面无穷远处来的波,则方程的解为 $\psi(x) = C\mathrm{e}^{ikx}$。

由波函数连续条件及一阶导数条件,可得

$$A + B = C$$

$$ikC - (ikA - ikB) = \frac{2mV_0}{\hbar^2}C$$

联解上述方程可得

$$\frac{C}{A} = \frac{1}{1 + i\dfrac{mV_0}{k\hbar^2}}$$

由此得到透射系数

$$D = \left|\frac{C}{A}\right|^2 = \frac{1}{1 + \dfrac{m^2V_0^2}{k^2\hbar^4}} = \frac{1}{1 + \dfrac{mV_0^2}{2E\hbar^2}}$$

同理可计算出反射系数(略)。

[例6.17]　试证明在一维势垒 $V(x) = V_0\delta(x)$　　$(V_0 > 0)$ 的散射过程中,波函数的概率流密度矢量连续。

证明:由上题解得入射波、反射波和透射波的波幅关系:

$$A + B = C$$

$$ikC - (ikA - ikB) = \frac{2mV_0}{\hbar^2}C$$

及波函数表达式

$$\psi(x) = \begin{cases} A\mathrm{e}^{ikx} + B\mathrm{e}^{-ikx}, & x < 0 \\ C\mathrm{e}^{ikx}, & x > 0 \end{cases}$$

可解得 $A = \left(1 + i\dfrac{mV_0}{k\hbar^2}\right)C$,$B = \dfrac{mV_0}{ik\hbar^2}C$。由概率流密度矢量公式 $\vec{J} = \dfrac{i\hbar}{2m}(\psi\nabla\psi^* - \psi^*\nabla\psi)$ 可得到

$$\vec{J} = \begin{cases} \dfrac{\hbar k}{m}(|A|^2 - |B|^2)e_x, & x < 0 \\ \dfrac{\hbar k}{m}|C|^2e_x, & x > 0 \end{cases}$$

而 $|A|^2 - |B|^2 = \left|\left(1 + i\dfrac{mV_0}{k\hbar^2}\right)C\right|^2 - \left|\dfrac{mV_0}{ik\hbar^2}C\right|^2 = \left(1 + \dfrac{m^2V_0^2}{k^2\hbar^4}\right)|C|^2 - \dfrac{m^2V_0^2}{k^2\hbar^4}|C|^2 = |C|^2$,因此 $\vec{J}$ 是连续的。

[例6.18]　求一维方形势阱对粒子的散射。

解：设方形势阱的势能 $V(x) = \begin{cases} -V_0, 0 < x < a \\ 0, x < 0, x > a \end{cases}$，$V_0 > 0$。与方形势垒相比，区别只在于 V_0 变成了 $-V_0$，定态薛定谔方程分别为

$$-\frac{\hbar^2}{2m}\frac{d^2\psi(x)}{dx^2} = E\psi(x), (x < 0, x > a)$$

$$\left[-\frac{\hbar^2}{2m}\frac{d^2}{dx^2} - V_0\right]\psi(x) = E\psi(x), (0 < x < a)$$

由于 $E + V_0 > 0$，不用区分为两种情况讨论。令 $k_1 = \sqrt{\dfrac{2mE}{\hbar^2}}$，$k_2 = \sqrt{\dfrac{2m(E+V_0)}{\hbar^2}}$，方程的求解及结果的讨论与方形势垒 $E > V_0$ 时的情况相同，只是 k_2 不同，这里不再重复。

[**例 6.19**]　设一维势垒宽度为 a，试利用测不准关系估计粒子动能的最小不确定范围。

解：粒子在势垒中位置的不确定度为 $\Delta x \leqslant a$。由测不准关系 $\overline{\Delta x^2}\,\overline{\Delta p^2} \geqslant \dfrac{\hbar^2}{4}$，可得 $\overline{\Delta p^2} \geqslant \dfrac{\hbar^2}{4a^2}$。再由动能表达式 $T = \dfrac{p^2}{2m}$，可估计出粒子动能的不确定下限 $\Delta T = \dfrac{\overline{\Delta p^2}}{2m} \geqslant \dfrac{\hbar^2}{8ma^2}$。

6.7　中心力场下的二体问题

两个物体由于相互之间的作用而产生的运动形态是物理学中的一类基本问题，如电荷之间由于库仑作用或天体间由于万有引力作用而产生的运动。一般来说，量子力学中相互作用的两体构成的体系可用哈密顿量来描述：

$$H = \frac{p_1^2}{2m_1} + \frac{p_2^2}{2m_2} + V(\vec{r}_1 - \vec{r}_2) \tag{6.42}$$

其中 $V(\vec{r}_1 - \vec{r}_2)$ 是两个粒子之间的相互作用势；下标 1，2 分别表示第一粒子和第二粒子。令 $\vec{r} = \vec{r}_1 - \vec{r}_2$，则相应的哈密顿算符[式(6.42)]可表示为

$$\hat{H} = -\frac{\hbar^2}{2m_1}\Delta_1 - \frac{\hbar^2}{2m_2}\Delta_2 + V(\vec{r}) \tag{6.43}$$

其中拉普拉斯算符 Δ_1，Δ_2 分别作用于粒子 1 和粒子 2。由于相互作用势的存在，$\hat{H}$ 中出现了两个粒子的耦合坐标变量，说明了粒子运动之间的关联，但也给方程的求解增加了不少难度。由于 $V(\vec{r}_1 - \vec{r}_2)$ 只与两个粒子相互之间的位置相关，因此可将两个粒子的运动分解为质心运动和相对运动，也就是引入质心坐标与相对坐标，从而对问题进行简化：

$$\vec{R} = \frac{m_1\vec{r}_1 + m_2\vec{r}_2}{m}, \vec{r} = \vec{r}_1 - \vec{r}_2$$

其中 $m = m_1 + m_2$，是系统的总质量。质心坐标用分量表示为 $\vec{R} = (X, Y, Z)$，相对坐标 $\vec{r} = (x, y, z)$。再对算符 $\hat{H}$ 进行坐标变换：

$$\frac{\partial}{\partial x_1} = \frac{\partial X}{\partial x_1}\frac{\partial}{\partial X} + \frac{\partial x}{\partial x_1}\frac{\partial}{\partial x} = \frac{m_1}{m}\frac{\partial}{\partial X} + \frac{\partial}{\partial x}$$

$$\frac{\partial^2}{\partial x_1^2} = \frac{\partial}{\partial x_1}\left(\frac{m_1}{m}\frac{\partial}{\partial X} + \frac{\partial}{\partial x}\right) = \frac{m_1^2}{m^2}\frac{\partial^2}{\partial X^2} + \frac{2m_1}{m}\frac{\partial^2}{\partial X \partial x} + \frac{\partial^2}{\partial x^2}$$

类似地可求得

$$\frac{\partial^2}{\partial y_1^2} = \frac{m_1^2}{m^2}\frac{\partial^2}{\partial Y^2} + \frac{2m_1}{m}\frac{\partial^2}{\partial Y \partial y} + \frac{\partial^2}{\partial y^2}$$

$$\frac{\partial^2}{\partial z_1^2} = \frac{m_1^2}{m^2}\frac{\partial^2}{\partial Z^2} + \frac{2m_1}{m}\frac{\partial^2}{\partial Z \partial z} + \frac{\partial^2}{\partial z^2}$$

$$\frac{\partial^2}{\partial x_2^2} = \frac{m_2^2}{m^2}\frac{\partial^2}{\partial X^2} + \frac{2m_2}{m}\frac{\partial^2}{\partial X \partial x} + \frac{\partial^2}{\partial x^2}$$

$$\frac{\partial^2}{\partial y_2^2} = \frac{m_2^2}{m^2}\frac{\partial^2}{\partial Y^2} + \frac{2m_2}{m}\frac{\partial^2}{\partial Y \partial y} + \frac{\partial^2}{\partial y^2}$$

$$\frac{\partial^2}{\partial z_2^2} = \frac{m_2^2}{m^2}\frac{\partial^2}{\partial Z^2} - \frac{2m_2}{m}\frac{\partial^2}{\partial Z \partial z} + \frac{\partial^2}{\partial z^2}$$

由此,哈密顿算符 $\hat{H}$ 改用质心坐标与相对坐标写成

$$\hat{H} = -\frac{\hbar^2}{2m_1}\Delta_1 - \frac{\hbar^2}{2m_2}\Delta_2 + V(\vec{r}) = -\frac{\hbar^2}{2m}\left(\frac{\partial^2}{\partial X^2} + \frac{\partial^2}{\partial Y^2} + \frac{\partial^2}{\partial Z^2}\right) - \frac{\hbar^2}{2m_\mu}\left(\frac{\partial^2}{\partial x^2} + \frac{\partial^2}{\partial y^2} + \frac{\partial^2}{\partial z^2}\right) + V(\vec{r})$$

其中 $m_\mu = \frac{m_1 m_2}{m}$,称为约化质量。引入质心坐标和相对坐标的拉普拉斯算符,则 $\hat{H}$ 可简记为

$$\hat{H} = -\frac{\hbar^2}{2m}\Delta_R - \frac{\hbar^2}{2m_\mu}\Delta_r + V(\vec{r}) \tag{6.44}$$

式(6.44)右边第一项只与质心坐标有关,第二、第三项只与相对坐标相关,因此 $\hat{H}$ 可分解为互不关联的两项

$$\hat{H} = \hat{H}_R + \hat{H}_r$$

$$\hat{H}_R = -\frac{\hbar^2}{2m}\Delta_R$$

$$\hat{H}_r = -\frac{\hbar^2}{2m_\mu}\Delta_r + V(\vec{r})$$

由分离变量法,取 $\psi(\vec{r}_1, \vec{r}_2) = \psi(\vec{R}, \vec{r}) = \Phi(\vec{R})\phi(\vec{r})$ 代入定态薛定谔方程:

$$\hat{H}\psi(\vec{r}_1, \vec{r}_2) = E\psi(\vec{r}_1, \vec{r}_2) \Rightarrow (\hat{H}_R + \hat{H}_r)\psi(\vec{R}_1, \vec{r}) = E\psi(\vec{R}, \vec{r})$$

$$\frac{1}{\Phi(\vec{R})}\hat{H}_R\Phi(\vec{R}) + \frac{1}{\phi(\vec{r})}\hat{H}_r\phi(\vec{r}) = E$$

两个独立变量的函数之和始终是常数表明这两个函数均为常数,分别设为 E_R 与 E_r,且 $E_R + E_r = E$,则

$$\begin{cases} \hat{H}_R\Phi(\vec{R}) = E_R\Phi(\vec{R}) \Rightarrow -\frac{\hbar^2}{2m}\Delta_R\Phi(\vec{R}) = E_R\Phi(\vec{R}) \\ \hat{H}_r\phi(\vec{r}) = E_r\phi(\vec{r}) \Rightarrow \left[-\frac{\hbar^2}{2m_\mu}\Delta_r + V(\vec{r})\right]\phi(\vec{r}) = E_r\phi(\vec{r}) \end{cases} \tag{6.45}$$

从式(6.45)第一个方程可以看出,质心运动方程与自由粒子的薛定谔方程形式相同,表

明质心做自由运动,表现出两个粒子作为一个整体不受外界作用下的运动。第二个方程反映了粒子之间的相互运动,其运动特性受到相互作用势 $V(\vec{r})$ 的影响。由于第一方程易于求解,因此代表相互运动的第二方程成为求解二体问题的关键,也往往是对此类问题的兴趣所在。通过这种分离变量法,就将二体问题简化成单体问题。一般来说,在实际处理二体问题时,常常忽略质心问题而仅讨论相对运动,但应注意到这类问题的实质是二体问题。

6.7.1　动量算符与角动量算符

在具体研究中心力场下的二体问题之前,先来讨论两个与此相关的重要算符:动量算符与角动量算符。

(1)动量算符

在介绍量子力学算符公设时就讲过动量算符,在坐标表象中为 $\hat{p} = -i\hbar\nabla$,写成分量是

$$\hat{p}_x = -i\hbar\frac{\partial}{\partial x}$$

$$\hat{p}_y = -i\hbar\frac{\partial}{\partial y}$$

$$\hat{p}_z = -i\hbar\frac{\partial}{\partial z}$$

现考虑坐标与动量算符的对易关系。设 ψ 为任意的函数,则有

$$[\hat{x},\hat{p}_x]\psi = \hat{x}\hat{p}_x\psi - \hat{p}_x x\psi = -i\hbar x\frac{\partial\psi}{\partial x} + i\hbar\frac{\partial}{\partial x}(x\psi) = -i\hbar x\frac{\partial\psi}{\partial x} + i\hbar x\frac{\partial\psi}{\partial x} + i\hbar\psi = i\hbar\psi$$

按算符对易子的定义,即有

$$[\hat{x},\hat{p}_x] = i\hbar$$

同理有

$$[\hat{y},\hat{p}_y] = i\hbar$$

$$[\hat{z},\hat{p}_z] = i\hbar$$

由于在坐标表象中 $\hat{r}=\vec{r}$,以后在不引起误会的时候常常略去坐标算符上的标号。显然

$$[x,\vec{p}_y] = [x,\vec{p}_z] = 0$$
$$[y,\vec{p}_z] = [y,\vec{p}_x] = 0$$
$$[z,\vec{p}_y] = [z,\vec{p}_x] = 0$$

上述坐标与动量算符的对易关系可总结为

$$[\alpha,\hat{p}_\beta] = i\hbar\delta_{\alpha\beta} \quad (\alpha,\beta = x,y,z) \tag{6.46}$$

另外,动量算符的各分量之间显然也是相互对易的,也就是 $[\hat{p}_\alpha,\hat{p}_\beta]=0$。

记动量算符本征值为 $\vec{p}$,本征函数为 $\psi_p(\vec{r})$,不考虑时间因子,则本征方程为

$$-i\hbar\nabla\psi_p = \vec{p}\psi_p \quad (-\infty < |r| < \infty)$$

其解为

$$\psi_p(\vec{r}) = Ce^{\frac{i}{\hbar}\vec{p}\cdot\vec{r}} \tag{6.47}$$

其中积分常数 C 为归一化因子。由于 $\psi_p(\vec{r})$ 是在无界空间,动量的本征值可取任意值,属于

连续谱,因此不能要求其归一化为1,而是归一化为δ函数。利用δ函数

$$\delta(\vec{p} - \vec{p}') = \frac{1}{(2\pi\hbar)^3}\int_{-\infty}^{\infty} e^{\frac{i}{\hbar}(\vec{p} - \vec{p}')\cdot\vec{r}}\,\mathrm{d}\vec{r} \tag{6.48}$$

可得到

$$(\psi_{p'}, \psi_p(\vec{r})) = \int_{-\infty}^{\infty} \psi_{p'}^*(\vec{r})\psi_p(\vec{r})\,\mathrm{d}\vec{r} = |C|^2\int_{-\infty}^{\infty} e^{\frac{i}{\hbar}(\vec{p}-\vec{p}')\cdot\vec{r}}\,\mathrm{d}\vec{r} = (2\pi\hbar)^3|C|^2\delta(\vec{p}-\vec{p}')$$

取系数 $C = (2\pi\hbar)^{-\frac{3}{2}}$就可以使$\psi_p(\vec{r})$归一化为$\delta$函数:

$$\int_{-\infty}^{\infty} \psi_{p'}^*(\vec{r})\psi_{p'}(\vec{r})\,\mathrm{d}\vec{r} = \delta(p - \vec{p}') \tag{6.49}$$

其中归一化后的动量本征函数$\psi_p(\vec{r}) = \dfrac{1}{(2\pi\hbar)^{3/2}}e^{\frac{i}{\hbar}\vec{p}\cdot\vec{r}}$。$\psi_p(\vec{r})$再乘上时间因子$e^{-\frac{i}{\hbar}Et}$就是动量为$\vec{p}$、能量为$E$的自由粒子平面波。

无界空间的动量本征函数可以归一化为δ函数,但很多时候也需要处理有界区间的动量本征值问题,这时动量的连续本征谱变为分立谱;或在某些情况下需要将连续本征值变为分立值进行计算,然后再变回连续谱。这种情况常用的处理方法是"箱体归一化"。

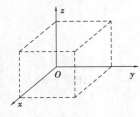

图6.3 正方形箱体

设粒子被限制在边长为l的正方形箱体(图6.3)中运动,则箱体外粒子波函数为0。

在此条件下,由于动量算符要求是厄米算符,即对任意波函数ψ与ϕ有$(\hat{p}\psi,\phi) = (\psi,\hat{p}\phi)$。为讨论方便,改写成分量形式。先讨论$x$分量,$y,z$分量可以类推。对于$x$分量,有$(\hat{p}_x\psi,\phi) = (\psi,\hat{p}_x\phi)$,积分形式为

$$\int_0^l \left(-i\hbar\frac{\partial\psi^*}{\partial x}\right)\phi\,\mathrm{d}x = \int_0^l \psi^*\left(-i\hbar\frac{\partial}{\partial x}\phi\right)\mathrm{d}x$$

利用分部积分法容易得出,上式要成立,必有

$$\psi^*(l,y,z)\phi(l,y,z) = \psi^*(0,y,z)\phi(0,y,z)$$

由于ψ与ϕ是任意函数,因此要求$\psi(l,y,z) = \psi(0,y,z)$和$\phi(l,y,z) = \phi(0,y,z)$。对于动量算符的本征波函数$\psi_p(\vec{r}) = \psi_p(x,y,z)$也应当有$\psi_p(l,y,z) = \psi_p(0,y,z)$。对$x$分量的这种讨论也适用于$y,z$量,也就是要求波函数在箱体的两个相对箱壁上对应点的值相同,这称为波函数的周期性边界条件:

$$\psi_p(l,y,z) = \psi_p(0,y,z) \Rightarrow Ce^{\frac{i}{\hbar}(p_xl+p_yy+p_z z)} = Ce^{\frac{i}{\hbar}(p_x0+p_yy+p_z z)} \Rightarrow e^{\frac{i}{\hbar}p_xl} = 1$$

也就是要求

$$\frac{1}{\hbar}p_xl = 2n_x\pi \quad (n_x = 0, \pm 1, \pm 2, \pm 3, \cdots)$$

表明动量p_x只能取分立值:

$$p_x = \frac{2\pi\hbar n_x}{l} \tag{6.50}$$

两个相邻的本征值间隔为$\Delta p_x = \dfrac{2\pi\hbar}{l}$。当$l\to\infty$时,$\Delta p_x\to 0$,这种分立谱就变为连续谱。

同样可知,沿y轴和z轴方向的动量p_y,p_z也只能取下列分立值

$$p_y = \frac{2\pi\hbar n_y}{l}, p_z = \frac{2\pi\hbar n_z}{l} \quad (n_y, n_z = 0, \pm 1, \pm 2, \pm 3, \cdots) \tag{6.51}$$

注意,当 $l \to \infty$ 时也转变为连续谱分布。

由上面的分析可以看到,由于箱体的限制,粒子动量取分立值,相应的波函数可写为

$$\psi_p(\vec{r}) = Ce^{\frac{i}{\hbar}\vec{p}\cdot\vec{r}} = Ce^{\frac{i}{\hbar}(p_x x + p_y y + p_z z)} = Ce^{i\frac{2\pi}{l}(n_x x + n_y y + n_z z)} \tag{6.52}$$

由归一化条件 $(\psi_p, \psi_p) = 1$ 可计算出归一化系数 C:

$$(\psi_p, \psi_p) = 1 \Rightarrow \int_0^l \int_0^l \int_0^l \psi_p^* \psi_p \, d\vec{r} = 1 \Rightarrow |C|^2 \int_0^l \int_0^l \int_0^l dx dy dz = 1 \Rightarrow C = \frac{1}{\sqrt{l^3}}$$

(2) 角动量算符

角动量在经典力学中表示为 $\vec{L} = \vec{r} \times \vec{p}$,由算符公设,得量子力学中的角动量算符是

$$\hat{L} = \hat{r} \times \hat{p} \tag{6.53}$$

其中 $\hat{r} = \vec{r}, \hat{p} = -i\hbar\nabla$。角动量算符用行列式表示为

$$\hat{L} = \begin{vmatrix} e_x & e_y & e_z \\ x & y & z \\ \hat{p}_x & \hat{p}_y & \hat{p}_z \end{vmatrix} = \begin{vmatrix} e_x & e_y & e_z \\ x & y & z \\ -i\hbar\frac{\partial}{\partial x} & -i\hbar\frac{\partial}{\partial y} & -i\hbar\frac{\partial}{\partial z} \end{vmatrix} \tag{6.54}$$

注意坐标变量在动量算符的前面,前后位置不能交换。利用子行列式,可写出各分量分别是

$$\hat{L}_x = y\hat{p}_z - z\hat{p}_y = -i\hbar\left(y\frac{\partial}{\partial z} - z\frac{\partial}{\partial y}\right)$$

$$\hat{L}_y = z\hat{p}_x - x\hat{p}_z = -i\hbar\left(z\frac{\partial}{\partial x} - x\frac{\partial}{\partial z}\right)$$

$$\hat{L}_z = x\hat{p}_y - y\hat{p}_x = -i\hbar\left(x\frac{\partial}{\partial y} - y\frac{\partial}{\partial x}\right)$$

注意各分量表达式的规律,左边与右边第一项是按 $xyzxyz\cdots$ 的顺序出现,右边第二项是第一项的交换。也就是 x 之后是 y, y 之后是 z, z 之后是 x 等。角动量的平方是一个常用的算符,表达式为

$$\hat{L}^2 = \hat{L}_x^2 + \hat{L}_y^2 + \hat{L}_z^2 = -\hbar^2\left[\left(y\frac{\partial}{\partial z} - z\frac{\partial}{\partial y}\right)^2 + \left(z\frac{\partial}{\partial x} - x\frac{\partial}{\partial z}\right)^2 + \left(x\frac{\partial}{\partial y} - y\frac{\partial}{\partial x}\right)^2\right] \tag{6.55}$$

利用坐标与动量的对易关系,可以计算出与角动量算符相关的一些基本对易关系。

坐标分量与动量各分量的对易:

$$[x, \hat{L}_x] = [x, y\hat{p}_z - z\hat{p}_y] = [x, y\hat{p}_z] - [x, z\hat{p}_y] = 0$$

$$[x, \hat{L}_y] = [x, z\hat{p}_x - x\hat{p}_z] = [x, z\hat{p}_x] = z[x, \hat{p}_x] + [x, z]\hat{p}_x = i\hbar z$$

$$[x, \hat{L}_z] = [x, x\hat{p}_y - y\hat{p}_x] = -[x, y\hat{p}_x] = -y[x, \hat{p}_x] - [x, y]\hat{p}_x = -i\hbar z$$

同理有 $[y, \hat{L}_x] = -i\hbar z, [y, \hat{L}_y] = 0, [y, \hat{L}_z] = i\hbar x; [z, \hat{L}_x] = i\hbar y, [z, \hat{L}_y] = -i\hbar x, [z, \hat{L}_z] = 0$。总结成如下的表达式:

$$[\alpha, \hat{L}_\beta] = i\hbar\gamma\varepsilon_{\alpha\beta\gamma} \quad (\alpha, \beta, \gamma = x, y, z) \tag{6.56}$$

83

其中 $\varepsilon_{\alpha\beta\gamma}$ 为列维-斯维塔记号,规定如下:

$$\varepsilon_{\alpha\beta\gamma} \Rightarrow \begin{cases} \text{若 } \alpha,\beta,\gamma \text{ 中有两个及以上相同时,} \varepsilon_{xyy} = 0 \\ \varepsilon_{xyz} = 1 \\ \text{任意交换 } \alpha,\beta,\gamma \text{ 中的两个的前后次序就改变正负,} \varepsilon_{zxy} = -\varepsilon_{xzy} = \varepsilon_{xyz} = 1 \end{cases}$$

利用 $\varepsilon_{\alpha\beta\gamma}$ 符号可以很容易得到上述对易关系的结果,例如 $[z,\hat{L}_y] = \mathrm{i}\hbar\gamma\varepsilon_{zy\gamma}$,显然只有当 γ 取 x 时才不为 0,而 $\varepsilon_{zyx} = -\varepsilon_{zxy} = \varepsilon_{xzy} = -\varepsilon_{xyz} = -1$,所以有 $[z,\hat{L}_y] = -\mathrm{i}\hbar x$。在 $[y,\hat{L}_y]$ 中已经有两个下标相同,因此是 0。

动量与角动量的对易关系:容易算得

$$[\hat{p}_x,\hat{L}_x] = [\hat{p}_x, y\hat{p}_z - z\hat{p}_y] = 0$$

$$[\hat{p}_x,\hat{L}_y] = [\hat{p}_x, z\hat{p}_x - x\hat{p}_z] = [\hat{p}_x, -x\hat{p}_z] = -[\hat{p}_x,x]\hat{p}_z = [x,\hat{p}_x]\hat{p}_z = \mathrm{i}\hbar\hat{p}_z$$

$$[\hat{p}_x,\hat{L}_z] = [\hat{p}_x, x\hat{p}_y - y\hat{p}_x] = [\hat{p}_x, x\hat{p}_y] = [\hat{p}_x,x]\hat{p}_y = -[x,\hat{p}_x]\hat{p}_y = -\mathrm{i}\hbar\hat{p}_y$$

同理可计算其他分量的对易结果,并应用列维-斯维塔记号表示为

$$[\hat{p}_\alpha,\hat{L}_\beta] = \mathrm{i}\hbar\hat{p}_\gamma\varepsilon_{\alpha\beta\gamma} \tag{6.57}$$

动量算符各分量之间的对易:

$$[\hat{L}_x,\hat{L}_y] = [y\hat{p}_z - z\hat{p}_y, zp_x - x\hat{p}_z] = [y\hat{p}_z, zp_x] + [y\hat{p}_z, -x\hat{p}_z]$$
$$+ [-z\hat{p}_y, zp_x] + [-z\hat{p}_y, -x\hat{p}_z]$$
$$= [y\hat{p}_z, z\hat{p}_x] + [-z\hat{p}_y, -x\hat{p}_z] = y[\hat{p}_z, z\hat{p}_x] + [y, z\hat{p}_x]\hat{p}_z + z[\hat{p}_y, x\hat{p}_z] + [z, x\hat{p}_z]\hat{p}_y$$
$$= y[\hat{p}_z, z\hat{p}_x] + [z, x\hat{p}_z]\hat{p}_y = yz[\hat{p}_z,\hat{p}_x] + y[\hat{p}_z, z]\hat{p}_x + x[z,\hat{p}_z]\hat{p}_y + [z, x]\hat{p}_z\hat{p}_y$$
$$= y[\hat{p}_z, z]\hat{p}_x + x[z,\hat{p}_z]\hat{p}_y = -\mathrm{i}\hbar y\hat{p}_x + \mathrm{i}\hbar x\hat{p}_y = \mathrm{i}\hbar\hat{L}_z$$

因此 $[\hat{L}_x,\hat{L}_y] = \mathrm{i}\hbar\hat{L}_z$。同理可计算出 $[\hat{L}_y,\hat{L}_z] = \mathrm{i}\hbar\hat{L}_x$,$[\hat{L}_z,\hat{L}_x] = \mathrm{i}\hbar\hat{L}_y$。应用列维-斯维塔记号表示为

$$[\hat{L}_\alpha,\hat{L}_\beta] = \mathrm{i}\hbar\hat{L}_\gamma\varepsilon_{\alpha\beta\gamma} \tag{6.58}$$

也可简记为

$$\hat{L} \times \hat{L} = \begin{vmatrix} e_x & e_y & e_z \\ \hat{L}_x & \hat{L}_y & \hat{L}_z \\ \hat{L}_x & \hat{L}_y & \hat{L}_z \end{vmatrix} = \mathrm{i}\hbar\hat{L} \tag{6.59}$$

同样注意,这种简记表示法只是形式上的,并且在行列式中,二行在前,三行在后,前后顺序不能交换。

角动量算符的平方与角动量各分量的对易关系:容易证明

$$[\hat{L}_x,\hat{L}^2] = [\hat{L}_y,\hat{L}^2] = [\hat{L}_z,\hat{L}^2] = 0 \tag{6.60}$$

[例 6.20]   证明 $[\hat{L}_x,\hat{L}^2] = 0$。

证明:

$$\left[\hat{L}_x,\hat{L}^2\right]=\left[\hat{L}_x,\hat{L}_x^2+\hat{L}_y^2+\hat{L}_z^2\right]=\left[\hat{L}_x,\hat{L}_x^2\right]=\left[\hat{L}_x,\hat{L}_y^2\right]+\left[\hat{L}_x,\hat{L}_z^2\right]=\left[\hat{L}_x,\hat{L}_y^2\right]+\left[\hat{L}_x,\hat{L}_z^2\right]$$

$$=\hat{L}_y\left[\hat{L}_x,\hat{L}_y\right]+\left[\hat{L}_x,\hat{L}_y\right]\hat{L}_y+\hat{L}_z\left[\hat{L}_x,\hat{L}_z\right]+\left[\hat{L}_x,\hat{L}_z\right]\hat{L}_z$$

$$=\mathrm{i}\hbar\hat{L}_y\hat{L}_z+\mathrm{i}\hbar\hat{L}_z\hat{L}_y-\mathrm{i}\hbar\hat{L}_z\hat{L}_y-\mathrm{i}\hbar\hat{L}_y\hat{L}_z=0$$

6.7.2 角动量算符的本征值问题

从上面角动量算符的对易关系得知,角动量的各分量相互不对易,因此 $\hat{L}_x,\hat{L}_y,\hat{L}_z$ 之间不可能具备共同的本征函数。但它们又不相互独立,需服从相互的对易关系,因此三个分量中仅有两个是独立的。同时,由于角动量算符的平方 $\hat{L}^2$ 与角动量各分量是对易的,因此在讨论角动量问题时可选取 $\hat{L}^2$ 与 $\hat{L}$ 的一个分量(通常是选择 $\hat{L}_z$)来描述。知道了 $\hat{L}^2$ 与 $\hat{L}_z$ 就可以知道 $\hat{L}_y,\hat{L}_z$ 的性质,同时 $\hat{L}^2$ 与 $\hat{L}_z$ 对易也使问题的求解更容易。

角动量算符的本征值问题在球坐标中讨论起来更方便,因此先把算符用球坐标表示。利用关系

$$x=r\sin\theta\cos\varphi$$
$$y=r\sin\theta\cos\varphi$$
$$z=r\cos\theta$$

容易算得

$$\hat{L}_x=\mathrm{i}\hbar\left(\sin\varphi\frac{\partial}{\partial\theta}+\cot\theta\cos\varphi\frac{\partial}{\partial\varphi}\right)$$

$$\hat{L}_y=\mathrm{i}\hbar\left(\cos\varphi\frac{\partial}{\partial\theta}-\cot\theta\sin\varphi\frac{\partial}{\partial\varphi}\right)$$

$$\hat{L}_z=-\mathrm{i}\hbar\frac{\partial}{\partial\varphi}$$

$$\hat{L}^2=-\hbar^2\left[\frac{1}{\sin\theta}\frac{\partial}{\partial\theta}\left(\sin\theta\frac{\partial}{\partial\theta}\right)+\frac{1}{\sin^2\theta}\frac{\partial^2}{\partial\varphi^2}\right]$$

在前面介绍算符的本征值问题一节中,对角动量在 z 轴上的投影算符 $\hat{L}_z$ 的本征值问题进行过求解,其本征值是 $m\hbar$,本征函数是 $\frac{1}{\sqrt{2\pi}}\mathrm{e}^{\mathrm{i}m\varphi}$。下面求解 $\hat{L}^2$ 的本征值问题,设其本征值为 λ,本征函数是 $Y(\theta,\varphi)$,则本征方程为

$$-\hbar^2\left[\frac{1}{\sin\theta}\frac{\partial}{\partial\theta}\left(\sin\theta\frac{\partial}{\partial\theta}\right)+\frac{1}{\sin^2\theta}\frac{\partial^2}{\partial\varphi^2}\right]Y(\theta,\varphi)=\lambda Y(\theta,\varphi) \tag{6.61}$$

显然,$\hat{L}^2$ 的本征方程就是球谐函数方程;通过分离变量 $Y(\theta,\varphi)=\Theta(\theta)\Phi(\varphi)$,可得到两个独立的方程:

$$\begin{cases}\dfrac{\mathrm{d}^2\Phi(\varphi)}{\mathrm{d}\varphi^2}+\mu\Phi(\varphi)=0\\\sin\theta\dfrac{\mathrm{d}}{\mathrm{d}\theta}\left(\sin\theta\dfrac{\mathrm{d}\Theta}{\mathrm{d}\theta}\right)+\left[\dfrac{\lambda}{\hbar^2}\sin^2\theta-\mu\right]\Theta=0\end{cases}$$

其中 μ 是分离变量产生的比例常数。第一个方程加上周性边界条件 $\Phi(\varphi+2\pi)=\Phi(\varphi)$,构

成本征值问题，它的本征值 $\mu = m^2$，$m = 0$，± 1，± 2，$\cdots$，本征函数是 $e^{im\varphi}$。此函数也正是 $\hat{L}_z$ 的本征函数。第二个方程就是连带勒让德方程，其中由于 $\Theta(\theta)$ 要求在 $\theta = 0$，π 时有界，λ 的取值需满足 $\frac{\lambda}{\hbar^2} = l(l+1)$，$l = 0,1,2,\cdots$。这样得到本征值

$$\lambda = l(l+1)\hbar^2 \quad (l = 0,1,2,\cdots) \tag{6.62}$$

本征函数 $\Theta(\theta)$ 就是连带勒让德多项式

$$\Theta(\theta) = P_l^m(\cos\theta) \tag{6.63}$$

因此，$\hat{L}^2$ 的本征函数就是球谐函数 $Y(\theta,\varphi)$，由于与 l 和 m 相关，改记为 $Y_{lm}(\theta,\varphi)$。l 和 m 分别称为角量子数和磁量子数，且 $m = 0$，± 1，± 2，$\cdots$，$\pm l$。

$$Y_{lm}(\theta,\varphi) = N_{lm}P_l^{|m|}(\cos\theta)e^{im\varphi} \quad (m = 0, \pm 1, \pm 2, \cdots, \pm l) \tag{6.64}$$

其中 N_{lm} 为归一化系数：

$$N_{lm} = \sqrt{\frac{(2l+1)(l-|m|)!}{4\pi(l+|m|)!}}$$

由上面的讨论可知，$\hat{L}^2$ 的本征值是 $\lambda = l(l+1)\hbar^2$，本征函数是球谐函数 $Y_{lm}(\theta,\varphi)$，本征方程是

$$\hat{L}^2 Y_{lm}(\theta,\varphi) = l(l+1)\hbar^2 Y_{lm}(\theta,\varphi) \tag{6.65}$$

显然，球谐函数 $Y(\theta,\phi)$ 也是 $\hat{L}_z$ 的本征函数，相应的本征方程是

$$\hat{L}_z Y_{lm}(\theta,\varphi) = m\hbar Y_{lm}(\theta,\varphi) \tag{6.66}$$

由于 $\hat{L}^2$ 的本征函数 $Y_{lm}(\theta,\phi)$ 与 l 和 m 相关，而 $\hat{L}^2$ 的本征值只与 l 有关，对于同一 l，m 可取 $2l+1$ 个值，也就是说 $\hat{L}^2$ 在同一本征值 $l(l+1)\hbar^2$ 下有 $2l+1$ 个不同的本征函数。这种有一个以上本征函数对应同一个本征值的情况称为简并，同一本征值对应的本征函数的数量称为简并度，因此 $\hat{L}^2$ 的本征值是 $2l+1$ 度简并的。

下面列出几个常用的低价球谐函数（$l = 0,1,2$）：

当 $l = 0$ 时：$Y_{00}(\theta,\varphi) = \frac{1}{\sqrt{4\pi}}$

当 $l = 1$ 时：$Y_{1,0}(\theta,\varphi) = \sqrt{\frac{3}{4\pi}}\cos\theta$

$Y_{1,-1}(\theta,\varphi) = \sqrt{\frac{3}{8\pi}}\sin\theta\,e^{-i\varphi}$

$Y_{1,1}(\theta,\varphi) = -\sqrt{\frac{3}{8\pi}}\sin\theta\,e^{i\varphi}$

当 $l = 2$ 时：$Y_{2,0}(\theta,\varphi) = \sqrt{\frac{5}{16\pi}}(3\cos^2\theta - 1)$

$Y_{2,-1}(\theta,\varphi) = \sqrt{\frac{15}{8\pi}}\sin\theta\cos\theta\,e^{-i\varphi}$

$Y_{2,1}(\theta,\varphi) = -\sqrt{\frac{15}{8\pi}}\sin\theta\cos\theta\,e^{i\varphi}$

$$Y_{2,-2}(\theta,\varphi) = -\sqrt{\frac{15}{32\pi}}\sin^2\theta\ e^{-i2\varphi}$$

$$Y_{2,2}(\theta,\varphi) = \sqrt{\frac{15}{32\pi}}\sin^2\theta\ e^{i2\varphi}$$

6.7.3　电子在库仑场中的运动

设想一个质量为 m_e、带电 $-e$ 的电子在一个电荷为 Ze 的核所产生的库仑场中运动。当 $Z=1$ 时,此体系就是氢原子;当 $Z>1$ 时,此体系就是类氢原子。此体系是一个典型的二体问题,但考虑到一般核的质量远大于电子质量,因此核所在位置近似为体系质心,故仅考虑电子对核的相对运动,将核看成坐标原点。

取无穷远处为电势参考 0 点,则电子受核的库仑场作用所产生的势能是 $U = -\dfrac{1}{4\pi\varepsilon_0}\dfrac{Ze^2}{r}$,$r$ 是电子与核的距离。引入常量 $e_s = \dfrac{e}{\sqrt{4\pi\varepsilon_0}}$,则势能可改写成 $U = -\dfrac{Ze_s^2}{r}$。体系的哈密顿量表示为

$$\hat{H} = -\frac{\hbar^2}{2m_e}\Delta - \frac{Ze_s^2}{r} \tag{6.67}$$

将 $\hat{H}$ 转换到极坐标中,并设其本征函数是 $\psi(r,\theta,\varphi)$,则其本征方程为

$$-\frac{\hbar^2}{2m_e}\frac{1}{r^2}\Big[\frac{\partial}{\partial r}\Big(r^2\frac{\partial}{\partial r}\Big) + \frac{1}{\sin\theta}\frac{\partial}{\partial\theta}\Big(\sin\theta\frac{\partial}{\partial\theta}\Big) + \frac{1}{\sin^2\theta}\frac{\partial^2}{\partial\varphi^2}\Big]\psi - \frac{Ze_s^2}{r}\psi = E\psi \tag{6.68}$$

考虑到势能仅与 r 有关,故可采用分离变量法来求解。设 $\psi(r,\theta,\varphi) = R(r)Y(\theta,\varphi)$,代入式(6.68)得

$$\frac{1}{r^2}\frac{d}{dr}\Big(r^2\frac{dR}{dr}\Big) + \Big[\frac{2m_e}{\hbar^2}\Big(E + \frac{Ze_s^2}{r}\Big) - \frac{\lambda}{r^2}\Big]R = 0 \tag{6.69}$$

$$\Big[\frac{1}{\sin\theta}\frac{\partial}{\partial\theta}\Big(\sin\theta\frac{\partial}{\partial\theta}\Big) + \frac{1}{\sin^2\theta}\frac{\partial^2}{\partial\varphi^2}\Big]Y(\theta,\varphi) + \lambda Y(\theta,\varphi) = 0 \tag{6.70}$$

式中 λ 是分离变量常数。第一个方程(6.69)仅与 r 有关,称为径向方程;第二方程(6.70)则是球谐函数方程,已经知道 $\lambda = l(l+1)$,方程的解就是球谐函数 $Y_{lm}(\theta,\varphi)$。把 $\lambda = l(l+1)$ 代入第一个方程,得

$$\frac{1}{r^2}\frac{d}{dr}\Big(r^2\frac{dR}{dr}\Big) + \Big[\frac{2m_2}{\hbar^2}\Big(E + \frac{Ze_s^2}{r}\Big) - \frac{l(l+1)}{r^2}\Big]R = 0 \tag{6.71}$$

由于当 $E>0$ 时,方程(6.71)对任意 E 值都有解,体系能量可连续变化(连续谱),电子在无穷远处波函数不为 0,也就是电子可以运动到离核无穷远处;当 $E<0$ 时,电子将被约束在核的附近运动(束缚态),方程只在 E 取特定值时才有解,体系能量具有分立谱。为求解方程,引入常量代换 $\alpha^2 = -\dfrac{8m_eE}{\hbar^2}$,$\beta = \dfrac{2m_eZe_s^2}{\alpha\hbar^2}$,并做变量代换 $\rho = \alpha r$,$u(r) = rR$,则径向方程变为

$$\frac{d^2u}{d\rho^2} + \Big[\frac{\beta}{\rho} - \frac{1}{4} - \frac{l(l+1)}{\rho^2}\Big]u = 0 \tag{6.72}$$

另外,对方程的解还存在作为边界条件的约束 $R\,|_{r\to\infty} = 0$ 及 $R\,|_{r\to 0}$ 有界。根据微分方程与特

殊函数理论,并结合边界条件,可求得方程的解为

$$R_{nl}(r) = N_{nl}e^{-\frac{z}{nr_0}r}\left(\frac{2Z}{nr_0}r\right)^l F\left(-n+l+1,2l+2,\frac{2Z}{nr_0}r\right) \tag{6.73}$$

式中 $n = \beta = 1,2,3,\cdots$,称为主量子数,且满足 $l = n - n_r - 1$;$n_r = 0,1,2,\cdots$,称为径向量子数。由于 l 取值为非负整数,因此 l 的最大取值为 $n-1$。$r_0 = \dfrac{\hbar^2}{m_e e_s^2}$,称为玻尔半径。由于 $Y_{lm}(\theta,\varphi)$ 是归一化的,则归一化系数 N_{nl} 可由归一化条件 $\int_0^\infty R_{nl}^2 r^2 \mathrm{d}r = 1$ 求得:

$$N_{nl} = \frac{2}{(2l+1)!}\sqrt{\frac{(n+1)!Z^3}{(n-l-1)!r_0^3}}$$

电子在约束条件下的定态波函数为

$$\psi_{nlm}(r,\theta,\varphi) = R_{nl}(r)Y_{lm}(\theta,\varphi) \tag{6.74}$$

电子的能量本征值 E 为

$$E_n = -\frac{m_e Z^2 e_s^4}{2\hbar^2}\frac{1}{n^2} \quad (n = 1,2,3,\cdots) \tag{6.75}$$

电子波函数 ψ_{nlm} 与三个量子数 n,l 及 m 有关,而相应的能量 E_n 只与 n 有关,因此其能级是简并的。对于同一个 n,l 可取 $0,1,2,\cdots,n-1$;对于同一个 l,m 又可取 $0,\pm1,\pm2,\cdots,\pm l$。因此,对第 n 个能级 E_n,共有 $\sum_{l=0}^{n-1}(2l+1) = n^2$ 个波函数与之对应,其简并度为 n^2。

简并产生的原因主要是库仑场特殊的对称性。量子数 l 及 m 反映的是电子的角动量,分别代表球坐标中沿 e_θ 和 e_ϕ 方向的旋转运动;而库仑场仅与 r 有关,势场大小与 θ,φ 无关,能量也与 θ,φ 无关,但电子运动状态与 θ,φ 有关,因此产生简并。要注意的是,能量对 l 的简并不仅仅与对称性相关,还与核大小等因素有关。理想的库仑场中,核大小忽略不计,但在 Z 值较大的时候,如碱金属原子中,势场也是中心力场,但核的大小不能忽略,因此能量对 l 就不再简并。

电子处于基态,$n=1$ 时能量最低,相应的能量及基态波函数分别是

$$E_1 = -\frac{m_e Z^2 e_s^4}{2\hbar^2}$$

$$\psi_{100} = \frac{1}{\sqrt{\pi}}\left(\frac{Z}{r_0}\right)^{\frac{3}{2}}e^{-\frac{Z}{r_0}r}$$

对应于 $n=2$ 时的 4 个简并波函数分别是

$$\psi_{200} = \frac{1}{4\sqrt{2\pi}}\left(\frac{Z}{r_0}\right)^{\frac{3}{2}}\left(2 - \frac{2Z}{r_0}r\right)e^{-\frac{Z}{r_0}r}$$

$$\psi_{210} = \frac{1}{2\sqrt{2\pi}}\left(\frac{Z}{r_0}\right)^{\frac{3}{2}}\frac{Z}{r_0}re^{-\frac{Z}{r_0}r}\cos\theta$$

$$\psi_{21\pm1} = \frac{1}{4\sqrt{2\pi}}\left(\frac{Z}{r_0}\right)^{\frac{3}{2}}\frac{Z}{r_0}re^{-\frac{Z}{r_0}r}\sin\theta\, e^{\pm i\varphi}$$

6.7.4 氢原子

上一节中关于电子在库仑场中运动的讨论可直接应用到氢原子情形,只需取 $Z=1$。严格

说来,氢原子也属于二体问题,应当把各参数中的质量 m_e 理解为氢原子的约化质量,但由于电子质量远小于质子,所以一般可近似地认为就是电子的质量。

利用氢原子方程解的结果,可以了解氢原子的一些重要性质,并检验量子力学的正确性。

先来看看电离能。氢原子能级 E_n 大小与 n^2 成反比,因此随 n 的增加而增大,且能级之间的距离随之减小;当 $n \to \infty$ 时,$E_n \to 0$,电子不再受核的约束,可以脱离原子核变为自由电子,原子能级由分离状态变为连续状态,这个过程就是电子的电离。电子电离时的能量与基态能量的差值为电离能:

$$\Delta = E_{n \to \infty} - E_1 = \frac{m e_s^4}{2 \hbar^2} = 13.6 \,(\text{eV})$$

此结果与实验数据 13.598 eV 很接近。若 m 采用约化质量,则氢原子的电离能为 13.597 eV,误差更小。

当电子由高能级 E_n 跃迁至较低能级 E_m 时辐射出光子,光的频率可表示为巴尔末公式:

$$\gamma = \frac{E_n - E_m}{h} = \frac{m e_s^4}{4 \pi \hbar^3} \left(\frac{1}{m^2} - \frac{1}{n^2} \right) = Rc \left(\frac{1}{m^2} - \frac{1}{n^2} \right) \tag{6.76}$$

式中 c 是光速,R 是里德堡常数。若将质子看成是固定不动的,由此可计算出里德堡常数:

$$R = \frac{m e_s^4}{4 \pi \hbar^2 c} = 1.097\ 373\ 157\,(\text{m}^{-1})$$

计算结果也与实验数据符合得很好。

知道了氢原子波函数后,还可计算出电子在空间各点的概率分布。设氢原子处于波函数 ψ_{nlm} 所描述的状态中,则电子位于 (r, θ, φ) 处的概率密度为

$$W_{nlm}(r, \theta, \varphi) = \psi_{nlm}^* \psi_{nlm} = |\psi_{nlm}|^2 = |R_{nl}(r) Y_{lm}(\theta, \varphi)|^2$$

电子位于 (r, θ, φ) 处体积元 $\mathrm{d}v = r^2 \sin\theta\, \mathrm{d}r \mathrm{d}\theta \mathrm{d}\varphi$ 内的概率为

$$W_{nlm} \mathrm{d}v = W_{nlm} r^2 \sin\theta\, \mathrm{d}r \mathrm{d}\theta \mathrm{d}\varphi = |\psi_{nlm}|^2 r^2 \sin\theta\, \mathrm{d}r \mathrm{d}\theta \mathrm{d}\varphi$$

则电子在 r 到 $r + \mathrm{d}r$ 球壳内出现的概率就是

$$W_n(r) \mathrm{d}r = \int_0^\pi \int_0^{2\pi} |\psi_{nlm}|^2 r^2 \sin\theta\, \mathrm{d}r \mathrm{d}\theta \mathrm{d}\varphi = R_{nl}^2(r) r^2 \mathrm{d}r$$

上式结果利用了 Y_{lm} 的归一化性质。同时,在方向角 (θ, φ) 处立体角 $\mathrm{d}\Omega = \sin\theta \mathrm{d}\theta\, \mathrm{d}\varphi$ 内找到电子的概率为

$$W_{lm}(\theta, \varphi) \mathrm{d}\Omega = \int_0^\pi |R_{nl}(r) Y_{lm}(\theta, \varphi)|^2 r^2 \mathrm{d}r = |Y_{lm}(\theta, \varphi)|^2 \mathrm{d}\Omega = N_{lm}^2 [P_l^m(\cos\theta)]^2 \mathrm{d}\Omega$$

上式结果同样利用了径向波函数 $R_{nl}(r)$ 的归一化性质。显然,角概率分布与 φ 无关,具轴对称性。由球谐函数的表达式可以很容易地计算出 $l = 0, 1$ 时电子沿各方向的概率分布密度:

当 $l = 0$ 时　　　　　　　　　　　$W_{0,0} = \dfrac{1}{4\pi}$

当 $l = 1$ 时　　　　$W_{1,0}(\theta) = \dfrac{3}{4\pi} \cos^2\theta,\ W_{1,\pm1}(\theta) = \dfrac{3}{8\pi} \sin^2\theta$

当 $l = 0$ 时,概率与角变量无关,具分布对称性;当 $l = 1$ 时,分别沿 z 轴或其垂直方向取最大值或 0。

[例 6.21]　设氢原子处于基态 ψ_{100},求电子的最可几位置。

解:氢原子处于基态,其波函数 $\psi_{100} = \dfrac{1}{\sqrt{\pi}}\dfrac{1}{r_0^{3/2}}\mathrm{e}^{-\frac{r}{r_0}}$,相应的概率体密度为 $|\psi_{100}|^2 = \dfrac{1}{\pi r_0^3}\mathrm{e}^{-\frac{2r}{r_0}}$,只与 r 相关,则沿 r 方向的密度为

$$W_{1,0}(r) = \int_0^{2\pi}\int_0^\pi |\psi_{100}|^2 r^2 \sin\theta \,\mathrm{d}\theta\mathrm{d}\varphi = \frac{4}{r_0^3}r^2\mathrm{e}^{-\frac{2r}{r_0}}$$

由极值条件 $\dfrac{\mathrm{d}W_{1,0}}{\mathrm{d}r}=0$,可得 $r=0$ 或 $r=r_0$。但 $r=0$ 时,$W_{1,0}=0$,固基态时,电子在距核 r_0 处出现的概率最大,也就是在玻尔半径处找到电子的概率最大。

6.8　力学量期望值随时间的变化

由于波函数是时间的函数,代表力学量的算符本身也可能是时间的函数,因此力学量也会随时间发生变化,这时讨论力学量期望值的变化就很有必要。设厄米算符 $\hat{F}$ 对应的力学量为 F,系统处于态 $\psi(\vec{r},t)$ 中,由测量公设可知,力学量 F 在态 $\psi(\vec{r},t)$ 中的期望值为

$$\overline{F} = (\psi,\hat{F}\psi) \tag{6.77}$$

两边对时间 t 求导,可得

$$\frac{\mathrm{d}\overline{F}}{\mathrm{d}t} = \left(\frac{\partial\psi}{\partial t},\hat{F}\psi\right) + \left(\psi,\frac{\partial\hat{F}}{\partial t}\psi\right) + \left(\psi,\hat{F}\frac{\partial\psi}{\partial t}\right)$$

再由 Schrodinger 方程 $\mathrm{i}\hbar\dfrac{\partial\psi}{\partial t}=\hat{H}\psi$,代入后可得

$$\frac{\mathrm{d}\overline{F}}{\mathrm{d}t} = \left(\frac{1}{\mathrm{i}\hbar}\hat{H}\psi,\hat{F}\psi\right) + \left(\psi,\frac{\partial\hat{F}}{\partial t}\psi\right) + \left(\psi,\frac{1}{\mathrm{i}\hbar}\hat{F}\hat{H}\psi\right)$$

把右边第一、第三项中的 $\mathrm{i}\hbar$ 提出来,利用 $\hat{H}$ 的厄米性 $(\hat{H}\psi,\hat{F}\psi)=(\psi,\hat{H}\hat{F}\psi)$,上式可改写为

$$\frac{\mathrm{d}\overline{F}}{\mathrm{d}t} = \left(\psi,\frac{\partial\hat{F}}{\partial t}\psi\right) + \frac{1}{\mathrm{i}\hbar}(\psi,[\hat{F},\hat{H}]\psi)$$

注意右边两项内积分别是 $\dfrac{\partial\hat{F}}{\partial t}$ 的期望值与对易子 $[\hat{F},\hat{H}]$ 的期望值,因此

$$\frac{\mathrm{d}\overline{F}}{\mathrm{d}t} = \overline{\frac{\partial\hat{F}}{\partial t}} + \frac{1}{\mathrm{i}\hbar}\overline{[\hat{F},\hat{H}]} \tag{6.78}$$

由此看来,力学量 F 随时间的变化由两部分合成,分别由算符 $\dfrac{\partial\hat{F}}{\partial t}$ 的期望值与代表力学量的算符 $\hat{F}$ 与系统的哈密顿算符 $\hat{H}$ 的对易关系的期望值确定。

若算符 $\hat{F}$ 不显含时间,且 $\hat{F}$ 与 $\hat{H}$ 对易,则有 $\dfrac{\partial\hat{F}}{\partial t}=0$,$[\hat{F},\hat{H}]=0$,因此 $\dfrac{\mathrm{d}\overline{F}}{\mathrm{d}t}=0$,此时力学量 F 的期望值不随时间变化,是一运动常量,称为守恒量。

[例 6.22]　自由粒子的动量与能量是守恒量,因为 $\hat{p} = -ih\nabla$, $\hat{H} = \dfrac{\hat{p}^2}{2m}$,二者都不显含时间,且 $[\hat{p},\hat{H}]=0$, $[\hat{H},\hat{H}]=0$,因此自由粒子的动量和能量在运动过程中不随时间变化,是守恒量。

[例 6.23]　线性谐振子中, $\hat{H} = \dfrac{\hat{p}^2}{2m} + \dfrac{1}{2}m\omega^2 x^2$,虽然动量和能量算符不含时间,但动量算符与 $\hat{H}$ 不对易,因此不是守恒量;但能量是守恒量,因为 $\hat{H}$ 与自身总是对易的。

[例 6.24]　库仑场中运动的电子,其哈密顿算符利用角动量算符可表示为

$$\hat{H} = -\frac{h^2}{2m}\frac{1}{r^2}\frac{\partial}{\partial r}\left(r^2\frac{\partial}{\partial r}\right) + \frac{1}{2mr^2}\hat{L}^2 - \frac{Ze_s^2}{r}$$

由于 $\hat{L}_x, \hat{L}_y, \hat{L}_z$ 及 $\hat{L}^2$ 与 r 无关,且 $[\hat{L}_x,\hat{L}_2]=0$, $[\hat{L}_y,\hat{L}^2]=0$, $[\hat{L}_z,\hat{L}^2]=0$,这几个角动量算符与 $\hat{H}$ 均对易,因此库仑场中运动的电子,其角动量各分量及角动量平方是守恒量,也就是遵从角动量守恒定律。

[例 6.25]　设宇称算符为 $\hat{P}$,体系的哈密顿算符为 $\hat{H}(\vec{r},t)$,则 $\hat{P}\hat{H}(\vec{r},t) = \hat{H}(-\vec{r},t)$;若 $\hat{H}(\vec{r},t)$ 具有偶宇称 $\hat{H}(\vec{r},t) = \hat{H}(-\vec{r},t)$,属于 $\hat{P}$ 的本征值为 1 的本征函数,则对任意的波函数 $\psi(\vec{r},t)$ 有

$$[\hat{P},\hat{H}(\vec{r},t)]\psi(\vec{r},t) = \hat{P}\hat{H}(\vec{r},t)\psi(\vec{r},t) - \hat{H}(\vec{r},t)\hat{P}\psi(\vec{r},t) =$$
$$\hat{H}(-\vec{r},t)\hat{P}\psi(\vec{r},t) - \hat{H}(\vec{r},t)\hat{P}\psi(\vec{r},t) = \hat{H}(\vec{r},t)\hat{P}\psi(\vec{r},t) - \hat{H}(\vec{r},t)\hat{P}\psi(\vec{r},t) = 0$$

也就是 $\hat{P}$ 和 $\hat{H}$ 对易, $[\hat{P},\hat{H}]=0$,因此 $\hat{P}$ 对应的宇称是守恒量,称为宇称守恒。另外,由于 $\hat{P}$ 和 $\hat{H}$ 对易,它们有共同的本征函数,此时体系的能量本征函数也可以是 $\hat{P}$ 的本征函数,具有确定的宇称。这个结论称为宇称守恒定律。例如,对线性谐振子有 $\hat{H}(-x) = \hat{H}(x)$,其能量本征函数满足 $\psi_n(-x) = (-1)^n\psi_n(x)$,奇偶性取决于量子数 n。对于确定的状态,其奇偶性不随时间改变,即宇称守恒。

[例 6.26]　设质量为 m 的一维粒子在势场 $V(x)$ 中运动。求证:(1) $[x,\hat{H}] = \dfrac{\mathrm{i}\hbar}{m}\hat{p}$;

(2) $m\dfrac{\mathrm{d}\bar{x}}{\mathrm{d}t} = \bar{p}$。

证明:(1)由题意知,粒子的哈密顿量 $\hat{H} = \dfrac{\hat{p}^2}{2m} + V(x)$,并利用 $[x,\hat{p}]=\mathrm{i}\hbar$,可得

$$[x,\hat{H}] = \left[x,\frac{\hat{p}^2}{2m}+V(x)\right] = \frac{1}{2m}[x,\hat{p}^2] = \frac{1}{2m}(\hat{p}[x,\hat{p}]+[x,\hat{p}]\hat{p}) = \frac{\mathrm{i}\hbar}{m}\hat{p}$$

(2) $m\dfrac{\mathrm{d}\bar{x}}{\mathrm{d}t} = \dfrac{m}{\mathrm{i}\hbar}\overline{[x,\hat{H}]} = \dfrac{m}{\mathrm{i}\hbar}\dfrac{\mathrm{i}\hbar}{m}\bar{p} = \bar{p}$(经典力学中动量的表示)

[例 6.27]　设厄米算符 $\hat{H}$ 的本征方程是 $\hat{H}\phi_n = E_n\phi_n$。试证明在 ϕ_n 态中,任一不含时间的力学量 A 都是守恒量。

证明:设力学量 A 相应的算符为 $\hat{A}$,由于 $\hat{A}$ 不含时间,并利用 $\hat{H}$ 的厄米性和本征方程,有

$$\frac{d\bar{A}}{dt} = \frac{1}{i\hbar}\overline{[\hat{A},\hat{H}]} = \frac{1}{i\hbar}(\phi_n,[\hat{A},\hat{H}]\phi_n) = \frac{1}{i\hbar}((\phi_n,\hat{A}\hat{H}\phi_n)-(\phi_n,\hat{H}\hat{A}\phi_n))$$

$$= \frac{1}{i\hbar}(E_n(\phi_n,\hat{A}\phi_n)-(\hat{H}\phi_n,\hat{A}\phi_n)) = \frac{1}{i\hbar}(E_n(\phi_n,\hat{A}\phi_n)-E_n(\hat{H}\phi_n,\hat{A}\phi_n)) = 0 \quad (证毕)$$

[例6.28] 定义一维空间的平移算符为 $\hat{T}(a)$,它对任意函数有 $\hat{T}(a)f(x)=f(x+a)$, a 是常数。试证明:

(1)一维自由粒子的波函数是 $\hat{T}(a)$ 的本征函数,并求其本征值;

(2)若粒子在势场 $V(x)$ 中运动,且 $V(x+a)=V(x)$,则 $T(a)$ 是守恒量。

证明:(1)已知一维自由粒子的波函数是 $\psi_p(x,t)=\frac{1}{\sqrt{2\pi\hbar}}e^{\frac{i}{\hbar}(px-Et)}$,则有

$$\hat{T}(a)\psi_p(x,t) = \frac{1}{\sqrt{2\pi\hbar}}e^{\frac{i}{\hbar}(p(x+a)-Et)} = e^{\frac{i}{\hbar}pa}\psi_p(x,t)$$

因此,ψ_p 是 $\hat{T}(a)$ 的本征函数,本征值是 $e^{\frac{i}{\hbar}pa}$。

(2)粒子的哈密顿量为 $\hat{H}=\frac{\hat{p}^2}{2m}+V(x)=-\frac{\hbar^2}{2m}\frac{d^2}{dx^2}+V(x)$,对任一波函数 $\psi(x)$,有

$$[\hat{T}(a),\hat{H}]\psi(x) = -\frac{\hbar^2}{2m}[\hat{T}(a),\frac{d^2}{dx^2}]\psi(x) + [\hat{T}(a),V(x)]\psi(x)$$

$$[\hat{T}(a),\frac{d^2}{dx^2}]\psi(x) = \hat{T}(a)\frac{d^2\psi(x)}{dx^2} - \frac{d^2\hat{T}(a)\psi(x)}{dx^2}$$

$$= \frac{d^2\psi(x+a)}{d(x+a)^2} - \frac{d^2\psi(x+a)}{dx^2} = 0$$

$$[\hat{T}(a),V(x)]\psi(x) = \hat{T}(a)V(x)\psi(x) - V(x)\hat{T}(a)\psi(x)$$

$$= V(x+a)\psi(x+a) - V(x)\psi(x+a) = 0$$

因此有 $[\hat{T}(a),\hat{H}]\psi(x)=0$,$\hat{T}(a)$ 与 $\hat{H}$ 对易且不含时间,其对应的力学量 $T(a)$ 守恒。

习 题

6.1 一质量为 m 的粒子在势场 $V(x)$ 中作一维束缚运动,其能量本征值和本征函数为 E_n,ϕ_n。求证:$(\phi_n,\phi_m)=0,m\neq n$。

6.2 设粒子仅有3个能量归一化本征态 $|1>$、$|2>$、$|3>$,其相应的本征值分别为1,2,3。现粒子处于态 $|\phi>=2|1>+\sqrt{3}|2>+\sqrt{2}|3>$ 中,试将 $|\phi>$ 归一化处理并计算粒子能量的平均值。

6.3 设一维谐振子处于态 $|n>$,求 $<n|\hat{p}|n>$ 及 $<n|\hat{p}^2|n>$。(设 $\hat{p}=\hat{a}-\hat{a}^+$)

6.4 设一维自由粒子在 $[0,l]$ 上运动,其动量算符本征矢 $|p>$ 满足周期性边界条件 $|p(0)>=|p(l)>$。求其本征值问题。

6.5　证明:在 L_z 与 L^2 的共同本征态 Y_{lm} 中,$\bar{l}_x = \bar{l}_y = 0$。

6.6　证明:若氢原子处于基态,则电子的最可几位置是玻尔半径。

6.7　粒子在一维无限深势阱 $(0 < x < l)$ 中处于第一激发态。求此粒子处于 $\left(0, \dfrac{l}{3}\right)$ 范围内的概率及粒子最可能出现的位置及其概率。

6.8　设一维粒子的 Shrodinger 方程的定态解是 $\psi(x,t) = A\mathrm{e}^{\mathrm{i}(kx-\omega t)} + B\mathrm{e}^{-\mathrm{i}(kx+\omega t)}$。求此粒子坐标的概率密度函数和概率流密度矢量,并简要说明 $|A|^2$ 和 $|B|^2$ 的物理意义。

6.9　一维线性谐振子能量算符 $\hat{H} = \dfrac{\hat{p}^2}{2m} + \dfrac{1}{2}m\omega^2\hat{x}^2$。

(1)计算并解释 $\dfrac{\mathrm{d}\hat{x}}{\mathrm{d}t}$ 和 $\dfrac{\mathrm{d}\hat{p}}{\mathrm{d}t}$。

(2)引入算符 $\hat{Q} = \sqrt{\dfrac{m\omega}{\hbar}}\hat{x}$,$\hat{P} = \dfrac{1}{\sqrt{m\omega\hbar}}\hat{p}$,$\hat{a} = \dfrac{1}{\sqrt{2}}(\hat{Q} + \mathrm{i}\hat{P})$,$\hat{a}^+ = \dfrac{1}{\sqrt{2}}(\hat{Q} - \mathrm{i}\hat{P})$。试计算 $[\hat{Q},\hat{P}]$,$[\hat{a},\hat{a}^+]$,$[\hat{a},\hat{a}^+\hat{a}]$ 及 $[\hat{a}^+,\hat{a}^+\hat{a}]$。

(3)证明:若 λ,$|H>$ 分别为 $\hat{H}$ 的本征值和本征矢,则 $\hat{a}|H>$ 和 $\hat{a}^+|H>$ 也是 $\hat{H}$ 的本征矢。

6.10　若体系的哈密顿量为 $\vec{r}$ 的偶函数,试证明体系波函数具有确定的宇称,即此时宇称守恒。

6.11　一电荷为 q、质量为 m 的粒子处于均匀静电场 $\vec{E}$ 中,求 $\dfrac{\mathrm{d}^2\vec{Y}}{\mathrm{d}t^2}$。

6.12　设厄米算符 $\hat{H}$ 的本征方程是 $\hat{H}\phi_n = E_n\phi_n$。试证明在 $\hat{H}$ 的任一本征态中,任一不含时间的力学量 A 有 $\dfrac{\mathrm{d}\bar{A}}{\mathrm{d}t} = 0$。

第 7 章

近似方法

除了一些特殊或简单的情况外,要精确求解量子力学中的很多问题是十分困难的,有时甚至是不可能的。比如,在实际中遇到的大多数问题里,系统的哈密顿量往往比较复杂,方程无法严格求解,常常只能得到近似结果,因此对近似方法的研究就显得十分重要。近似方法的基本出发点是利用简单或已知的结果来逼近较复杂或未知的体系,以期获得尽可能满足需要的近似估计。依据处理对象的不同,量子力学中通常把近似方法分为两大类:一类是针对定态问题的近似方法,适用于体系的哈密顿量不含时间的情况,如定态微扰理论和变分法;另一类则是针对体系的哈密顿量是时间的函数的情况,如含时微扰理论。

7.1 变分法

设 $\hat{F}$ 是不含时间的厄米算符,本征方程为 $\hat{F}\phi_n = f_n\phi_n$,$\psi$ 是任一非归一化波函数。由于 $\hat{F}$ 的厄米性,$\{\phi_n\}$ 可构成一组正交归一基矢。将波函数 ψ 以 $\{\phi_n\}$ 为基展开 $\psi = \sum_n c_n\phi_n$,则有

$$(\psi,\hat{F}\psi) = \left(\sum_n c_n\phi_n,\hat{F}\sum_m c_m\phi_m\right) = \sum_n\sum_m c_n^* c_m(\phi_n,\hat{F}\phi_m)$$

利用 $\hat{F}\phi_n = f_n\phi_n$ 及 $(\phi_n,\phi_m) = \delta_{nm}$,可得

$$(\psi,\hat{F}\psi) = \sum_n\sum_m c_n^* c_m f_m\delta_{nm} = \sum_n f_n|c_n|^2$$

若 f_1 是 $\hat{F}$ 的最小本征值,则必有

$$(\psi,\hat{F}\psi) = \sum_n f_n|c_n|^2 \geqslant f_1\sum_n|c_n|^2$$

但注意到 $(\psi,\psi) = \sum_n|c_n|^2$,因此可得

$$\overline{F} = \frac{(\psi,\hat{F}\psi)}{(\psi,\psi)} \geqslant f_1 \tag{7.1}$$

显然,若波函数 ψ 是归一化的,则 $(\psi,\psi) = 1$,就有 $(\psi,\psi) = 1$,不等式简化为 $(\psi,\hat{F}\psi) \geqslant f_1$;

若 ψ 是 $\hat{F}$ 最低本征值 f_1 的本征函数,则等号成立。

如果 $\hat{F}$ 的本征函数 ϕ_n 未知或难以求解,而此时又希望知道其最小本征值,那么根据这个不等式,可以选取不同的函数,计算出 $\hat{F}$ 的期望值,其中最小的一个值就是最接近 f_1 的值。理论上,如果不断地试探下去,总能找到一个函数,使其计算结果比所有其他函数的结果都接近 f_1。这实际上就是求能给出所求极值的函数的变分问题。具体来说,利用变分法求最小本征值的步骤可归纳如下:

①选取合适的带参量的试探函数 $\psi(\lambda)$;

②计算出 $\overline{F}(\lambda) = \dfrac{(\psi(\lambda),\hat{F}\psi(\lambda))}{(\psi(\lambda),\psi(\lambda))}$;

③由极小值条件 $\dfrac{\mathrm{d}\overline{F}(\lambda)}{\mathrm{d}\lambda} = 0$ 求出参数 λ;或用其他方法计算出 $\overline{F}(\lambda)$ 的最小值;

④此时的 $\overline{F}(\lambda)$ 就是最接近最小本征值的近似值。

这种变分法在很多时候可以得到足够好的近似值,但也有明显的不足,它只能估计最小本征值的下限值,同时试探函数的选取也没有标准的程序可循,得具体问题具体分析,有时需要很强的技巧。

[例 7.1]　试用变分法估计粒子在一维无限深势阱 $0 < x < a$ 中运动时的基态能量。

解:此题就是求一维无限深势阱中粒子的哈密顿算符 $\hat{H} = -\dfrac{\hbar^2}{2m}\dfrac{\mathrm{d}^2}{\mathrm{d}x^2}$ 的最小本征值。假设的试探波函数应当满足边界条件 $\psi(x)\big|_{x=0} = \psi(x)\big|_{x=a} = 0$,同时还应当考虑函数中包含可变分的参量。可简单地设 $\psi(x) = x(x-a)(x+\lambda)$ 作为试探函数。

$$(\psi(x),\psi(x)) = \int_0^a x^2(x-a)^2(x+\lambda)^2 \mathrm{d}x = \frac{a^5}{210}(7\lambda^2 + 7a\lambda + 2a^2)$$

$$(\psi(x),\hat{H}\psi(x)) = \int_0^a [x(x-a)(x+\lambda)]\left(-\frac{\hbar^2}{2m}\frac{\mathrm{d}^2}{\mathrm{d}x^2}\right)[x(x-a)(x+\lambda)]\mathrm{d}x$$

$$= -\frac{\hbar^2}{2m}\int_0^a [x^3 + (\lambda-a)x^2 - a\lambda x][6x + 2(\lambda-a)]\mathrm{d}x = \frac{\hbar^2 a^3}{30m}(5\lambda^2 + 5a\lambda + 2a^2)$$

$$\overline{H}(\lambda) = \frac{(\psi(x),\hat{H}\psi(x))}{(\psi(x),\psi(x))} = \frac{7\hbar^2}{ma^2}\frac{5\lambda^2 + 5a\lambda + 2a^2}{7\lambda^2 + 7a\lambda + 2a^2} = \frac{7\hbar^2}{ma^2}f(\lambda)$$

分析可知,当 $\lambda \to \infty$ 时,$f(\lambda) \to \dfrac{5}{7}$,因此 $\overline{H}(\lambda)$ 的可能最小值就是

$$\min \overline{H}(\lambda) = \frac{5\hbar^2}{ma^2}$$

这个结果与 Schrodinger 方程严格求得的基态能量 $\dfrac{\hbar^2\pi^2}{2ma^2} \approx 4.935\dfrac{\hbar^2}{ma^2}$ 很接近了。需要注意的是,$f(\lambda)$ 不能采用极值条件,因为它只有一个极大值;另外,$\lambda \to \infty$ 的要求显然不合适,说明原来的试探波函数并不理想,可以再尝试其他的函数,如 $\dfrac{x}{a} + \lambda\dfrac{x^2}{a^2} - (1+\lambda)\dfrac{x^3}{a^3}$。

[例 7.2]　粒子在势场 $V(x) = c|x|$ 中运动,c 是正实数。试估计其基态能量。

解:系统的哈密顿算符为 $\hat{H} = -\dfrac{\hbar^2}{2m}\dfrac{\mathrm{d}^2}{\mathrm{d}x^2} + c|x|$。与一维谐振子比较,不同之处在于一个

势场为 $|x|$，另一个为 x^2，二者都是偶函数，且 $x \to \pm\infty$ 势场也是无穷大，属于束缚态。不同之处是势场幅度增加的快慢方式，因此可先假设试探波函数具有谐振子基态波函数的形式 $\psi(x) = e^{-\lambda^2 x^2}$，其中 λ 为变分参数。λ 设为平方是为了方便计算，而且也便于满足 $\psi|_{x\to\infty} = 0$ 的要求。

$$(\psi(x), \psi(x)) = \int_{-\infty}^{+\infty} e^{-2\lambda^2 x^2} \mathrm{d}x = \sqrt{\frac{\pi}{2}} \frac{1}{\lambda}$$

$$(\psi(x), \hat{H}\psi(x)) = \int_{-\infty}^{+\infty} e^{-\lambda^2 x^2}\left(-\frac{\hbar^2}{2m}\frac{\mathrm{d}^2}{\mathrm{d}x^2} + c|x|\right)e^{-\lambda^2 x^2}\mathrm{d}x$$

$$= \int_{-\infty}^{+\infty}\left[-\frac{\hbar^2}{2m}(4\lambda^4 x^2 - 2\lambda^2) + c|x|\right]e^{-2\lambda^2 x^2}\mathrm{d}x = \frac{c}{2}\frac{1}{\lambda^2} + \frac{\hbar^2}{2m}\sqrt{\frac{\pi}{2}}\lambda$$

这样得到

$$\overline{H}(\lambda) = \frac{(\psi(x), \hat{H}\psi(x))}{(\psi(x), \psi(x))} = \frac{c}{\sqrt{2\pi}}\frac{1}{\lambda} + \frac{\hbar^2}{2m}\lambda^2$$

由极值条件求出最佳 λ 取值

$$\frac{\mathrm{d}\hat{H}}{\mathrm{d}\lambda} = 0 \Rightarrow \lambda = \left(\frac{mc}{\hbar^2\sqrt{2\pi}}\right)^{\frac{1}{3}}$$

代回可求得最低能量的估计值

$$E \approx \min \overline{H}(\lambda) = \frac{3}{2}\left(\frac{\hbar^2 c^2}{2\pi m}\right)^{\frac{1}{3}}$$

[例 7.3] 利用变分原理证明维里定理:若系统处于定态,其势能是各坐标变量的 n 阶齐次函数,则系统的动能期望值与势能期望值满足关系 $2\overline{T} = n\overline{V}$,或表示为 $2<T> = n<V>$,其中 $<\cdot> = \overline{\cdot}$ 表示期望或平均。

证明:设系统由 k 个粒子构成,第 i 个粒子的质量为 m_i,位置坐标为 $\vec{r}_i$,则系统的哈密顿量可表示为

$$\hat{H} = -\sum_{i=1}^{k}\frac{\hbar^2}{2m_i}\Delta_i + V(\vec{r}_1, \vec{r}_2, \cdots, \vec{r}_k) = \hat{T} + \hat{V}$$

其中第一项是 k 个粒子的动能之和,Δ_i 是拉普拉斯算符,只作用在第 i 个粒子上;$V(\vec{r}_1, \vec{r}_2, \cdots, \vec{r}_k)$ 是粒子相互作用势能。设 $f(\vec{r}_1, \vec{r}_2, \cdots, \vec{r}_k)$ 是任意函数,取 $\psi(\vec{r}_1, \vec{r}_2, \cdots, \vec{r}_k) = f(\lambda\vec{r}_1, \lambda\vec{r}_2, \cdots, \lambda\vec{r}_k)$ 为试探波函数,λ 为变分参数,则系统的动能和势能期望值为

$$<T> = \frac{(\psi, \hat{T}\psi)}{(\psi, \psi)} = \frac{-\int f^*(\lambda\vec{r}_1, \lambda\vec{r}_2, \cdots, \lambda\vec{r}_k)\sum_{i=1}^{k}\frac{\hbar^2}{2m}\Delta_i f^*(\lambda\vec{r}_1, \lambda\vec{r}_2, \cdots, \lambda\vec{r}_k)\mathrm{d}\tau}{\int f^*(\lambda\vec{r}_1, \lambda\vec{r}_2, \cdots, \lambda\vec{r}_k)f^*(\lambda\vec{r}_1, \lambda\vec{r}_2, \cdots, \lambda\vec{r}_k)\mathrm{d}\tau}$$

$$<V> = \frac{(\psi, \hat{V}\psi)}{(\psi, \psi)} = \frac{\int f^*(\lambda\vec{r}_1, \lambda\vec{r}_2, \cdots, \lambda\vec{r}_k)V(\vec{r}_1, \vec{r}_2, \cdots, \vec{r}_k)f^*(\lambda\vec{r}_1, \lambda\vec{r}_2, \cdots, \lambda\vec{r}_k)\mathrm{d}\tau}{\int f^*(\lambda\vec{r}_1, \lambda\vec{r}_2, \cdots, \lambda\vec{r}_k)f^*(\lambda\vec{r}_1, \lambda\vec{r}_2, \cdots, \lambda\vec{r}_k)\mathrm{d}\tau}$$

对以上二式中拉普拉斯算符、势能函数及积分元做变量代换,$\mathrm{d}\tau = \frac{1}{\lambda^k}\mathrm{d}(\lambda\vec{r}_1)\mathrm{d}(\lambda\vec{r}_2)\cdots$

$\mathrm{d}(\lambda \vec{r}_k) = \frac{1}{\lambda^k}\mathrm{d}\tau'$；因为 $\frac{\partial^2}{\partial^2 x} = \lambda^2 \frac{\partial^2}{\partial(\lambda x)^2}$，有 $\Delta_i = \lambda^2 \Delta_i'$；同时，由于势能函数是 n 阶齐次型，有

$V(\vec{r}_1,\vec{r}_2,\cdots,\vec{r}_k) = \frac{1}{\lambda^n}V(\lambda\vec{r}_1,\lambda\vec{r}_2,\cdots,\lambda\vec{r}_k)$。代回原积分并分别用 A,B 表示，可得

$$<T> = -\lambda^2 \frac{\int f^*(\lambda\vec{r}_1,\lambda\vec{r}_2,\cdots,\lambda\vec{r}_k)\sum_{i=1}^k \frac{\hbar^2}{2m}\Delta_i' f^*(\lambda\vec{r}_1,\lambda\vec{r}_2,\cdots,\lambda\vec{r}_k)\mathrm{d}\tau'}{\int f^*(\lambda\vec{r}_1,\lambda\vec{r}_2,\cdots,\lambda\vec{r}_k)f^*(\lambda\vec{r}_1,\lambda\vec{r}_2,\cdots,\lambda\vec{r}_k)\mathrm{d}\tau'} = \lambda^2 A$$

$$<V> = \frac{1}{\lambda^n}\frac{\int f^*(\lambda\vec{r}_1,\lambda\vec{r}_2,\cdots,\lambda\vec{r}_k)V(\lambda\vec{r}_1,\lambda\vec{r}_2,\cdots,\lambda\vec{r}_k)f^*(\lambda\vec{r}_1,\lambda\vec{r}_2,\cdots,\lambda\vec{r}_k)\mathrm{d}\tau'}{\int f^*(\lambda\vec{r}_1,\lambda\vec{r}_2,\cdots,\lambda\vec{r}_k)f^*(\lambda\vec{r}_1,\lambda\vec{r}_2,\cdots,\lambda\vec{r}_k)\mathrm{d}\tau'} = \frac{1}{\lambda^n}B$$

显然 A,B 与变分参数 λ 无关。此时系统总能量的期望值为

$$\overline{E}(\lambda) = <T> + <V> = \lambda^2 A + \lambda^{-n}B$$

由极值条件

$$\frac{\mathrm{d}\overline{E}}{\mathrm{d}\lambda} = 2\lambda A - n\lambda^{-n-1}B = 0 \Rightarrow 2\lambda^2 A - n\lambda^{-n}B = 0 \Rightarrow 2\lambda^2 A = n\lambda^{-n}B$$

此即是 $2<T> = n<V>$，有时简写为 $2\overline{T} = n\overline{V}$。

维里定理对量子力学与经典力学都成立。例如一维谐振子，势函数为 x^2 型，$n=2$，则其动能平均与势能平均有 $\overline{T}=\overline{V}$，两者相等，总能量 $E = \overline{E} = \overline{T}+\overline{V} = 2\overline{T} = 2\overline{V}$；又如库仑场中运动的电子，势函数为 $\frac{1}{r}$ 型，$n=-1$，则有 $\overline{V} = -2\overline{T}$，总能量 $E = \overline{T}+\overline{V} = -\overline{T} = \frac{1}{2}\overline{V}$。

[例 7.4]　求氦原子的基态能量。

解：利用变分法求解氦原子的基态问题是一个比较典型的例子，在许多量子力学教材中都有介绍，这里对其求解思路作一个说明。

氦核带正电荷 $2e$，核外有两个电子，$Z=2$。若把氦核看成静止的且不考虑自旋，氦原子的哈密顿量可表示为

$$\hat{H} = -\frac{\hbar^2}{2m}(\Delta_1+\Delta_2) - \frac{2e_s^2}{r_1} - \frac{2e_s^2}{r_2} + \frac{e_s^2}{|\vec{r}_1-\vec{r}_2|}$$

其中 $e_s = \frac{e}{\sqrt{4\pi\varepsilon_0}}$，下标 1,2 分别表示氦核外的两个电子；右边第一项是两个电子的动能，第二、第三项是两个电子的库仑势，最后一项是电子的相互作用能，只与两个电子之间的距离有关。

当不考虑相互作用项时，$\hat{H}$ 就是两个电子单独在库仑场中的哈密顿量之和，可分离变量，并由 Schordinger 方程求解。但两个电子在一起运动会相互产生电屏蔽效应，因此对于每个电子来说，氦核的正电荷数量不再是 2，因此可将电量数 Z 看成变分参数，从而采用变分法进行近似估计。为此，先将 $\hat{H}$ 的表达式改写为

$$\hat{H} = -\frac{\hbar^2}{2m}(\Delta_1+\Delta_2) - \frac{2}{Z}\frac{Ze_s^2}{r_1} - \frac{2}{Z}\frac{Ze_s^2}{r_2} + \frac{e_s^2}{|\vec{r}_1-\vec{r}_2|}$$

注意，修改后的 $\hat{H}$ 中，在标准库仑势前面多了系数 $\frac{2}{Z}$，因此后面计算势能时也多了这个

系数。

前面已经解出,电子在电量为 Z 的库仑场中运动时的基态能量及基态波函数分别是

$$E_1 = -\frac{mZ^2 e_s^4}{2\hbar^2}$$

$$\psi_{100} = \left(\frac{Z^3}{\pi r_0^3}\right)^{\frac{1}{2}} e^{-\frac{Z}{r_0} r}$$

现有两个电子,因此试探波函数可取两个波函数的乘积:

$$\psi(\vec{r}_1, \vec{r}_2) = \psi_{100} \psi_{100} = \frac{Z^3}{\pi r_0^3} e^{-\frac{Z}{r_0}(r_1 + r_2)}$$

注意,此波函数是归一化的,$(\psi(\vec{r}_1, \vec{r}_2), \psi(\vec{r}_1, \vec{r}_2)) = 1$。体系能量的期望值为

$$\overline{H} = \overline{T} + \overline{V} = 2\,\overline{T}_s + 2 \times \frac{2}{Z}\,\overline{V}_s + \overline{V}_c$$

其中 $\overline{T}_s$ 与 $\overline{V}_s$ 是单个电子在电荷量为 Z 的库仑场中的动能与势能期望值;$\overline{V}_c$ 是两个电子在电荷量为 Z 的库仑场中相互作用能的期望值。

由维里定理可知,对单电子在电荷为 Z 的库仑场中运动时的动能期望为 $\overline{T}_s = -E_1 = \frac{mZ^2 e_s^4}{2\hbar^2}$;势能期望为 $\overline{V}_s = 2E_1 = -\frac{mZ^2 e_s^4}{\hbar^2}$;$\overline{V}_c$ 可由试探波函数计算得

$$\overline{V}_c = \left(\psi, \frac{e_s^2}{|\vec{r}_1 - \vec{r}_2|}\psi\right) = \frac{5}{8} \frac{Zme_s^4}{\hbar^2}$$

因此能量期望

$$\overline{H} = 2\,\overline{T}_s + \frac{4}{Z}\,\overline{V}_s + \overline{V}_c = \left(Z^2 - 4Z + \frac{5}{8}Z\right)\frac{me_s^4}{\hbar^2}$$

应用极值条件 $\frac{d\overline{H}}{dZ} = 0$,可求得 $Z = \frac{27}{16}$ 时,$\overline{H}$ 取极小值

$$\overline{H}_{\min} = -\left(\frac{27}{16}\right)^2 \frac{me_s^4}{\hbar^2} = -\left(\frac{27}{16}\right)^2 \frac{e_s^2}{r_0} \approx -2.848 \frac{e_s^2}{r_0}$$

式中 $r_0 = \frac{\hbar^2}{me_s^2}$ 为玻尔半径。把 $Z = \frac{27}{16}$ 代回试探波函数,即可得到氦原子近似基态波函数。氦原子基态能量可通过测量其核外两个电子同时电离时的能量获得,实验测得的数据是 2.904,可见变分法的近似结果与实验结果很接近。

7.2 微扰理论

微扰理论主要是针对系统处于已知状态时,受到外界的扰动而发展出来的一种方法。通常扰动的量较小,不引起系统性质的突变,而系统的定态问题可以严格求解,此时采用微扰方法可以得到较好的结果。与变分法不同,微扰方法可以求出各级本征值与本征波函数的近似值。微扰理论根据是否与时间相关分为定态微扰和含时微扰;定态微扰根据本征值是否简并,又可分为非简并微扰和简并微扰。

7.2.1　非简并态微扰

设系统的哈密顿算符不含时间,且可以表示为 $\hat{H} = \hat{H}^0 + \hat{h}$,其中与 $\hat{H}^0$ 相关联的能量远大于 $\hat{h}$,或 $\hat{H}^0$ 对系统的作用远大于 $\hat{h}$,因此 $\hat{h}$ 可认为是对 $\hat{H}^0$ 的扰动;另外,$\hat{H}^0$ 的本征值或本征矢已知或容易求解。

设 $\hat{H}^0$ 的本征值为 $\{E_i^0\}$,正交归一化本征函数系为 $\{\phi_i^0\}$,则其本征方程为 $\hat{H}^0\phi_i^0 = E_i^0\phi_i^0$。引入参数 λ,$0 \le \lambda \le 1$,把 $\hat{H}$ 改写成 $\hat{H} = \hat{H}^0 + \lambda\hat{h}$。若取 $\lambda = 0$,则表示无微扰;若取 $\lambda = 1$,则表示考虑全部扰动。又设 $\hat{H}$ 的本征值和本征函数分别是 E_n 和 ψ_n,本征方程为 $\hat{H}\psi_n = E_n\psi_n$。显然,$E_n$ 和 ψ_n 是 λ 的函数,若取 $\lambda = 0$,则表示无微扰,此时 E_n 和 ψ_n 就是 E_n^0 和 ϕ_n^0;若取 $\lambda \ne 0$,则微扰的引入会使 E_n^0 和 ϕ_n^0 发生变化,当取 $\lambda = 1$ 时,则表示考虑全部扰动,E_n^0 和 ϕ_n^0 完全转化为 E_n 和 ψ_n。λ 反映了原体系受扰动的程度,因此很自然地可以把 E_n 和 ψ_n 展开为 λ 的幂级数形式:

$$E_n = E_n^0 + \lambda E_n^1 + \lambda^2 E_n^2 + \cdots$$
$$\psi_n = \psi_n^0 + \lambda\psi_n^1 + \lambda^2\psi_n^2 + \cdots$$

式中 E_n 和 ψ_n 右上标的 $1,2,\cdots$ 仅表示与 λ 幂次相同的各级展开系数。E_n^0 和 ψ_n^0 称为 0 级近似,E_n^1 和 ψ_n^1 称为 1 级近似,E_n^2 和 ψ_n^2 称为 2 级近似,余者以此类推。将幂级数形式的 E_n 和 ψ_n 代入本征方程 $(\hat{H} + \lambda\hat{h})\psi_n = E_n\psi_n$,得到

$$(\hat{H}^0 + \lambda\hat{h})(\psi_n^0 + \lambda\psi_n^1 + \lambda^2\psi_n^2 + \cdots) = (E_n^0 + \lambda E_n^1 + \lambda^2 E_n^2 + \cdots)(\psi_n^0 + \lambda\psi_n^1 + \lambda^2\psi_n^2 + \cdots)$$

两边展开,并比较 λ 的相同幂次的系数,同次幂对应的系数应当相等,因此得

λ 的 0 次幂:
$$(\hat{H}^0 - E_n^0)\psi_n^0 = 0 \tag{7.2}$$

λ 的 1 次幂:
$$(\hat{H}^0 - E_n^0)\psi_n^1 = -(\hat{h} - E_n^1)\psi_n^0 \tag{7.3}$$

λ 的 2 次幂:
$$(\hat{H}^0 - E_n^0)\psi_n^2 = -(\hat{h} - E_n^1)\psi_n^1 + E_n^2\psi_n^0 \tag{7.4}$$

$\vdots$

注意到 0 次幂方程(7.2)就是 $\hat{H}^0$ 的本征方程。由 1 次幂方程(7.3)可解出 E_n^1 和 ψ_n^1,再由式(7.4)解出 E_n^2 和 ψ_n^2,以此类推,这样一级级解下去,直到解得需要的近似结果。最后代回 E_n 和 ψ_n 的幂级数形式,并取 $\lambda = 1$,可得到微扰 $\hat{h}$ 存在时的近似解。

若 E_n^0 非简并,则对应此本征值,$\hat{H}^0$ 仅有一个本征函数 ϕ_n^0,且 $\psi_n^0 = \phi_n^0$。用 ψ_n^0 对 1 次幂方程的两边进行内积,同时利用 $\hat{H}^0$ 的厄米性及 $\psi_n^0 = \phi_n^0$ 的归一化性质,可得

$$\left(\psi_n^0, (\hat{H}^0 - E_n^0)\psi_n^1\right) = -\left(\psi_n^0, (\hat{h} - E_n^1)\psi_n^0\right) \Rightarrow$$

$$(\psi_n^0, \hat{H}^0\psi_n^1) - E_n^0(\psi_n^0, \psi_n^1) = (\psi_n^0, \hat{h}\psi_n^0) - E_n^1(\psi_n^0, \psi_n^0) \Rightarrow$$

$$E_n^1 = (\psi_n^0, \hat{h}\psi_n^0) = (\phi_n^0, \hat{h}\phi_n^0) = h_{nn} \tag{7.5}$$

也就是能量第 n 能级的 1 级修正值等于 $\hat{h}$ 在未受微扰时第 n 级本征态 ϕ_n^0 中的期望值。

求出 1 级能量修正值后,由 1 次幂方程可求出 1 级波函数修正。先把 ψ_n^1 按 $\hat{H}^0$ 的本征函数

系为 $\{\phi_i^0\}$ 展开 $\psi_n^1 = \sum\limits_k a_k^1 \phi_k^0$，代回方程，得到

$$\sum_k a_k^1 (\hat{H}^0 - E_n^0) \phi_k^0 = -(\hat{h} - E_n^1) \phi_n^0$$

注意到 $(\hat{H}^0 - E_n^0)\phi_n^0 = 0$，因此左边求和各项中没有 $k = n$ 时的项，这样改写成

$$\sum_{k \neq n} a_k^1 (\hat{H}^0 - E_n^0) \phi_k^0 = -(\hat{h} - E_n^1) \phi_n^0$$

上式两边同时与 $\phi_l^0 (l \neq n)$ 内积，得

$$\sum_{k \neq n} a_k^1 \left(\phi_l^0, (\hat{H}^0 - E_n^0) \phi_k^0 \right) = -(\phi_l^0, \hat{h} \phi_n^0) + (\phi_l^0, E_n^1 \phi_n^0)$$

化简，并利用 ϕ_i^0 的正交归一性和本征方程

$$\sum_{k \neq n} a_k^1 (\phi_l^0, \hat{H}^0 \phi_k^0) - \sum_{k \neq n} a_k^1 E_n^0 \delta_{lk} = -(\phi_l^0, \hat{h} \phi_n^0) \Rightarrow$$

$$\sum_{k \neq n} (E_k^0 - E_n^0) \delta_{lk} a_k^1 = -h_{ln} \Rightarrow a_l^1 = \frac{h_{ln}}{E_n^0 - E_l^0}$$

式中 $h_{ln} = (\phi_l^0, \hat{h} \phi_n^0)$ 是 $\hat{h}$ 以 $\{\phi_i^0\}$ 为基的矩阵元。由此得到 1 级近似波函数：

$$\psi_n^1 = \sum_{k \neq n} a_k^1 \phi_k^0 = \sum_{k \neq n} \frac{h_{kn}}{E_n^0 - E_k^0} \phi_k^0 \tag{7.6}$$

式中对 k 的求和不包括 n，因为无论 a_n^1 取何值，1 级近似波函数 ψ_n^1 都能满足 1 次幂方程，故最简单的就取为 $a_n^1 = 0$。

求出 1 级近似的能量和波函数之后，代回 2 次幂方程(7.4)，可求出能量和波函数的 2 级修正。求出 2 级修正后，可再求更高级修正，但求解过程较复杂，此处仅给出能量的二级修正结果：

$$E_n^2 = \sum_{k \neq n} a_k^1 h_{nk} = \sum_{k \neq n} \frac{h_{kn} h_{nk}}{E_n^0 - E_k^0} \tag{7.7}$$

由此可以给出受到微扰 $\hat{h}$ 时体系的能量和波函数分别为

$$E_n = E_n^0 + E_n^1 + E_n^2 + \cdots = E_n^0 + h_{nn} + \sum_{k \neq n} \frac{h_{kn} h_{nk}}{E_n^0 - E_k^0} + \cdots \tag{7.8}$$

$$\psi_n = \psi_n^0 + \psi_n^1 + \cdots = \phi_n^0 + \sum_{k \neq n} \frac{h_{kn}}{E_n^0 - E_k^0} \phi_k^0 + \cdots \tag{7.9}$$

由于微扰理论的计算和结果是以级数形式为基础的，因此级数的收敛性问题就十分重要。若级数不收敛或收敛较慢，则微扰方法就没有实际意义。从计算结果式(7.8)、式(7.9)来看，要保证微扰结果的有效性，就要求各级次的系数尽可能小，而且收敛速度快，这取决于微扰的矩阵元 h_{nl} 或 h_{ln} 和能级之间的间隔 $\Delta E_{nk} = E_n^0 - E_k^0$。矩阵元越小、能级间隔越大，微扰效果越好，也就是满足

$$\left| \frac{h_{nk}}{E_n^0 - E_k^0} \right| \ll 1 \tag{7.10}$$

这说明，当微扰与系统能级间隔量级相当时，不宜采用微扰法，应当考虑其他近似方法。

[**例 7.5**] 设系统能量算符 $\hat{H} = \begin{bmatrix} \varepsilon_1 + \alpha & \mathrm{i}\beta \\ -\mathrm{i}\beta & \varepsilon_1 + \alpha \end{bmatrix}$，$\varepsilon_1 \neq \varepsilon_2$，$\alpha, \beta, \varepsilon_1$ 与 ε_2 均为实数，且 α, β

远小于 $\varepsilon_1, \varepsilon_2$。试求系统二级能量近似及波函数的一级近似。

解:由于 α, β 比 $\varepsilon_1, \varepsilon_2$ 小很多,因此可将 $\hat{H}$ 改写成两部分:

$$\hat{H} = \begin{bmatrix} \varepsilon_1 & 0 \\ 0 & \varepsilon_2 \end{bmatrix} + \begin{bmatrix} \alpha & i\beta \\ -i\beta & a \end{bmatrix} = \hat{H}^0 + \hat{h}$$

容易看出,$\hat{H}^0$ 与 $\hat{h}$ 都是厄米算符,其本征值与归一化本征函数为

$$E_1^0 = \varepsilon_1, E_2^0 = \varepsilon_2$$
$$\phi_1^0 = \begin{bmatrix} 1 \\ 0 \end{bmatrix}, \phi_2^0 = \begin{bmatrix} 0 \\ 1 \end{bmatrix}$$

能量的一级修正为

$$E_1^1 = (\phi_1^0, \hat{h}\phi_1^0) = \begin{bmatrix} 1 & 0 \end{bmatrix} \begin{bmatrix} \alpha & i\beta \\ -i\beta & \alpha \end{bmatrix} \begin{bmatrix} 1 \\ 0 \end{bmatrix} = \alpha$$

$$E_2^1 = (\phi_2^0, \hat{h}\phi_2^0) = \begin{bmatrix} 0 & 1 \end{bmatrix} \begin{bmatrix} \alpha & i\beta \\ -i\beta & \alpha \end{bmatrix} \begin{bmatrix} 0 \\ 1 \end{bmatrix} = \alpha$$

能量的二级修正为

$$E_1^2 = \frac{h_{12}h_{21}}{E_1^0 - E_2^0} = \frac{|h_{12}|^2}{\varepsilon_1 - \varepsilon_2} = \frac{1}{\varepsilon_1 - \varepsilon_2} \left| \begin{bmatrix} 1 & 0 \end{bmatrix} \begin{bmatrix} \alpha & i\beta \\ -i\beta & \alpha \end{bmatrix} \begin{bmatrix} 0 \\ 1 \end{bmatrix} \right|^2 = \frac{\beta^2}{\varepsilon_1 - \varepsilon_2}$$

$$E_2^2 = \frac{h_{21}h_{12}}{E_2^0 - E_1^0} = \frac{|h_{12}|^2}{\varepsilon_2 - \varepsilon_1} = \frac{\beta^2}{\varepsilon_2 - \varepsilon_1}$$

因此,系统二级能量近似为

$$E_1 \approx E_1^0 + E_1^1 + E_1^2 = \varepsilon_1 + \alpha + \frac{\beta^2}{\varepsilon_1 - \varepsilon_2}$$

$$E_2 \approx E_2^0 + E_2^1 + E_2^2 = \varepsilon_2 + \alpha - \frac{\beta^2}{\varepsilon_1 - \varepsilon_2}$$

波函数的一级修正系数分别是

$$a_1^1 = \frac{h_{21}}{E_1^0 - E_2^0} = \frac{i\beta}{\varepsilon_1 - \varepsilon_2}$$

$$a_2^1 = \frac{h_{12}}{E_2^0 - E_1^0} = \frac{-i\beta}{\varepsilon_2 - \varepsilon_1}$$

一级近似波函数(未归一化)分别为

$$\psi_1 \approx \psi_1^0 + \psi_1^1 = \phi_1^0 + a_1^1 \phi_2^0 = \begin{bmatrix} 1 \\ 0 \end{bmatrix} + \frac{i\beta}{\varepsilon_1 - \varepsilon_2} \begin{bmatrix} 0 \\ 1 \end{bmatrix} = \frac{1}{\varepsilon_1 - \varepsilon_2} \begin{bmatrix} \varepsilon_1 - \varepsilon_2 \\ i\beta \end{bmatrix}$$

$$\psi_2 \approx \psi_2^0 + \psi_2^1 = \phi_2^0 + a_2^1 \phi_1^0 = \begin{bmatrix} 0 \\ 1 \end{bmatrix} + \frac{i\beta}{\varepsilon_1 - \varepsilon_2} \begin{bmatrix} 1 \\ 0 \end{bmatrix} = \frac{1}{\varepsilon_1 - \varepsilon_2} \begin{bmatrix} i\beta \\ \varepsilon_1 - \varepsilon_2 \end{bmatrix}$$

[例 7.6] 粒子在一维无限深势阱中运动,$V(x) = \varepsilon \sin \frac{\pi}{a} x \, (0 < x < a)$,$V(x) = \infty \, (x < 0$, $x > a)$,ε 是小实数。求粒子基态及第一激发态能量的一级近似。

解:由于 ε 是小数,因此 $(0, a)$ 上的 $V(x)$ 可以看成是微扰。微扰不存在时,粒子基态与第一激发态的能量和波函数分别是

量子力学基础教程

$$E_1^0 = \frac{\pi^2\hbar^2}{2ma^2}, E_2^0 = \frac{2\pi^2\hbar^2}{2ma^2}$$

$$\phi_1^0 = \sqrt{\frac{2}{a}}\sin\frac{\pi}{a}x, \phi_2^0 = \sqrt{\frac{2}{a}}\sin\frac{2\pi}{a}x$$

由此可计算出能量的一级修正值为

$$E_1^1 = (\phi_1^0, V(x)\phi_1^0) = \int_0^a \left(\sqrt{\frac{2}{a}}\sin\frac{\pi}{a}x\right)\left(\varepsilon\sin\frac{\pi}{a}x\right)\left(\sqrt{\frac{2}{a}}\sin\frac{\pi}{a}x\right)\mathrm{d}x$$

$$= \frac{2\varepsilon}{a}\int_0^a\sin^3\frac{\pi}{a}x\mathrm{d}x = \frac{2\varepsilon}{\pi}\int_0^\pi\sin^3 t\mathrm{d}t = \frac{4\varepsilon}{3\pi}$$

$$E_2^1 = (\phi_2^0, V(x)\phi_2^0) = \int_0^a \left(\sqrt{\frac{2}{a}}\sin\frac{2\pi}{a}x\right)\left(\varepsilon\sin\frac{\pi}{a}x\right)\left(\sqrt{\frac{2}{a}}\sin\frac{2\pi}{a}x\right)\mathrm{d}x$$

$$= \frac{2\varepsilon}{a}\int_0^a\sin\frac{\pi}{a}x\sin^2\frac{2\pi}{a}x\mathrm{d}x = \frac{2\varepsilon}{\pi}\int_0^\pi\sin t\sin^2 2t\mathrm{d}t = \frac{32\varepsilon}{15\pi}$$

由此,基态能量及第一激发态能量的一级近似为

$$E_1 \approx E_1^0 + E_1^1 = \frac{\pi^2\hbar^2}{2ma^2} + \frac{4\varepsilon}{3\pi}$$

$$E_2 \approx E_2^0 + E_2^1 = \frac{2\pi^2\hbar^2}{ma^2} + \frac{32\varepsilon}{15\pi}$$

[例7.7] 一电荷为 q 的线性谐振子受到极弱恒定外电场 $\vec{E} = E_0 e_x$ 的作用。试用微扰法求体系的定态能量和波函数。

解:由于电场很弱,也就是 E_0 很小,因此外电场的作用可看成是微扰。根据电磁学 $\vec{E} = -\nabla V$ 可知,外电场为 $\vec{E} = E_0 e_x$ 时,若取原点为电势参考点,则此电场产生的电势为 $V = -E_0 x$,电荷在此电场中产生的微扰势能为 $\hat{h} = -qE_0 x$。

不考虑外场的微扰时,由线性谐振子可知,$\hat{H}^0$ 的能量本征值是 $E_n^0 = \left(n+\frac{1}{2}\right)\hbar\omega$,本征函数 $\psi_n^0(\alpha x) = e^{-\frac{\alpha^2}{2}x^2}H(\alpha x)$, $\alpha = \sqrt{\frac{m\omega}{\hbar}}$,为后面表述方便,记本征函数为 $|n>$。

利用谐振子递推公式 $\alpha x|n> = \sqrt{\frac{n}{2}}|n-1> + \sqrt{\frac{n+1}{2}}|n+1>$,能量的1级修正值为

$$E_n^1 = <n|\hat{h}|n> = -qE_0<n|x|n> = 0$$

能量的2级修正值为

$$E_n^2 = \sum_{k\neq n}\frac{h_{kn}h_{nk}}{E_n^0-E_k^0} = \sum_{k\neq n}\frac{|h_{nk}|^2}{E_n^0-E_k^0}$$

$$h_{nk} = <n|\hat{h}|k> = -\frac{qE_0}{\alpha}<n|\alpha x|k> = -\frac{qE_0}{\alpha}<n|\left(\sqrt{\frac{k}{2}}|k-1> + \sqrt{\frac{k+1}{2}}|k+1>\right)$$

$$= -\frac{qE_0}{\alpha}\left(\sqrt{\frac{k}{2}}\delta_{n,k-1} + \sqrt{\frac{k+1}{2}}\delta_{n,k+1}\right) = qE_0\sqrt{\frac{\hbar}{2m\omega}}(\sqrt{k}\delta_{n,k-1} + \sqrt{k+1}\delta_{n,k+1})$$

$$E_n^2 = \sum_{k\neq n}\frac{|h_{nk}|^2}{E_n^0-E_k^0} = \frac{q^2E_0^2\hbar}{2m\omega}\left(\frac{n+1}{E_n^0-E_{n+1}^0} + \frac{n}{E_n^0-E_{n-1}^0}\right) = -\frac{q^2E_0^2}{2m\omega^2}$$

102

结果表明,振子能级移动与振子状态无关。由此可得振子在弱外电场下的定态能量

$$E_n \approx E_n^0 + E_n^1 + E_n^2 = \left(n + \frac{1}{2}\right)\hbar\omega - \frac{q^2 E_0^2}{2m\omega^2}$$

波函数的 1 级修正为

$$\psi_n^1 = \sum_{k \neq n} a_k^1 \mid k > = \sum_{k \neq n} \frac{h_{kn}}{E_n^0 - E_k^0} \mid k >$$

$$= -\frac{qE_0}{\alpha} \sum_{k \neq n} \frac{< k \mid \sqrt{\frac{n}{2}} \mid n-1 > + < k \mid \sqrt{\frac{n+1}{2}} \mid n+1 >}{(n-k)\hbar\omega} \mid k >$$

$$= -\frac{qE_0}{\alpha}\left(\sqrt{\frac{n}{2}}\frac{1}{\hbar\omega}\mid n-1 > - \sqrt{\frac{n+1}{2}}\frac{1}{\hbar\omega}\mid n+1 >\right)$$

$$= qE_0\sqrt{\frac{1}{2\hbar m\omega^2}}(\sqrt{n+1}\mid n+1 > - \sqrt{n}\mid n-1 >)$$

实际上,此问题可严格求解。系统在外场作用下的哈密顿算符为

$$\hat{H} = -\frac{\hbar^2}{2m}\frac{\mathrm{d}^2}{\mathrm{d}x^2} + \frac{1}{2}m\omega^2 x^2 - qE_0 x$$

通过对 x 的配方,$\hat{H}$ 又可表示为

$$\hat{H} = -\frac{\hbar^2}{2m}\frac{\mathrm{d}^2}{\mathrm{d}x^2} + \frac{1}{2}m\omega^2\left(x - \frac{qE_0}{m\omega^2}\right) - \frac{q^2 E_0^2}{2m\omega^2}$$

与未受外场作用的谐振子相比,粒子运动中心(平衡点)沿 x 轴有一平移,系统能量多了一个常数项。坐标的平移不改变体系的能量,因此各能级都只多了最后一项能量附加值,这与微扰法得到的结果一致。

7.2.2　简并态微扰

如果 $\hat{H}^0$ 的本征值 E_n^0 简并,则不能直接进行微扰计算,因为 E_n^0 对应的波函数不止一个,而采用哪一个波函数作为 0 级近似来进行计算并没有相应的选择依据。设 E_n^0 的简并度为 l,则共有 l 个本征方程:$H^0\phi_{ni} = E_n^0\phi_{ni}$,$i = 1, 2, \cdots, l$,并且这 l 个本征函数总可以正交归一化 $(\phi_{ni}, \phi_{nj}) = \delta_{ij}$。可假定 0 级近似波函数 ψ_n^0 为这 l 个本征函数的线性组合:

$$\psi_n^0 = \sum_{i=1}^{l} c_i \phi_{ni} \tag{7.11}$$

显然,ψ_n^0 也是本征值为 E_n^0 的本征函数。代回 1 次幂方程(7.3),可得

$$(\hat{H}^0 - E_n^0)\psi_n^1 = -(\hat{h} - E_n^1)\sum_{i=1}^{l} c_i \phi_{ni}$$

方程两边与 ϕ_{ni} 内积,得

$$(\phi_{nj}, \hat{H}^0\psi_n^1) - E_n^0(\phi_{nj}, \psi_n^1) = -\left(\phi_{nj}, \hat{h}\sum_{i=1}^{l} c_i \phi_{ni}\right) + E_n^1\left(\phi_{nj}, \sum_{i=1}^{l} c_i \phi_{ni}\right)$$

$$E_n^0(\phi_{nj}, \psi_n^1) - E_n^0(\phi_{nj}, \psi_n^1) = -\sum_{i=1}^{l} c_i(\phi_{nj}, \hat{h}\phi_{ni}) + \sum_{i=1}^{l} E_n^1 c_i(\phi_{nj}, \phi_{ni})$$

$$\sum_{i=1}^{l} \left(h_{nji} - E_n^1 \delta_{ji} \right) c_i = 0 \tag{7.12}$$

式中 $h_{nji} = (\phi_{nj}, \hat{h}\phi_{ni})$，表示 $\hat{h}$ 在第 n 能级中 l 个简并本征函数中的矩阵元。这是一个关于系数 c_i 的齐次方程组，写成矩阵形式是

$$\begin{bmatrix} h_{n11} - E_n^1 & h_{n12} & \cdots & h_{n1l} \\ h_{n21} & h_{n22} - E_n^1 & \cdots & h_{n2l} \\ \vdots & \vdots & & \vdots \\ h_{nl1} & h_{nl2} & \cdots & h_{nll} - E_n^1 \end{bmatrix} \begin{bmatrix} c_1 \\ c_2 \\ \vdots \\ c_n \end{bmatrix} = 0$$

c_i 有非 0 解的条件是要满足下面的行列式久期方程：

$$\begin{vmatrix} h_{n11} - E_n^1 & h_{n12} & \cdots & h_{n1l} \\ h_{n21} & h_{n22} - E_n^1 & \cdots & h_{n2l} \\ \vdots & \vdots & & \vdots \\ h_{nl1} & h_{nl2} & \cdots & h_{nll} - E_n^1 \end{vmatrix} = 0$$

由此可求出能量的 1 级修正值 E_n^1，代回方程组可求得各系数 c_i，从而确定出 0 级近似波函数，并进而计算出能级的 2 级修正和波函数的 1 级修正。如果久期方程没有重根，说明微扰使简并完全消除了；如果有重根，说明简并只是部分消除，还需要更高级的修正或其他形式的微扰。

[**例 7.8**] 设 $\hat{H} = \begin{bmatrix} \varepsilon & i\beta \\ -i\beta & \varepsilon \end{bmatrix}$，$\varepsilon, \beta$ 是实数，且 $\beta \ll \varepsilon$，试用微扰法求 $\hat{H}$ 的本征值和本征矢。

解：由于 $\beta \ll \varepsilon$，β 可看成是微扰参数，$\hat{H}$ 改写成两部分：

$$\hat{H} = \hat{H}^0 + \hat{h} = \begin{bmatrix} \varepsilon & 0 \\ 0 & \varepsilon \end{bmatrix} + \begin{bmatrix} 0 & i\beta \\ -i\beta & 0 \end{bmatrix}$$

容易求出 $\hat{H}^0$ 的本征值就是 ε，本征矢为 $\phi_1 = \begin{bmatrix} 1 \\ 0 \end{bmatrix}$，$\phi_2 = \begin{bmatrix} 0 \\ 1 \end{bmatrix}$。显然，本征值简并度为 2。设 0 级波函数 $\psi^0 = c_1\phi_1 + c_2\phi_2$，本征值的 1 级修正值为 H^1，久期方程各元素计算如下：

$$h_{11} = (\phi_1, \hat{h}\phi_1) = \beta \begin{bmatrix} 1 & 0 \end{bmatrix} \begin{bmatrix} 0 & i \\ -i & 0 \end{bmatrix} \begin{bmatrix} 1 \\ 0 \end{bmatrix} = 0$$

$$h_{12} = (\phi_1, \hat{h}\phi_2) = \beta \begin{bmatrix} 1 & 0 \end{bmatrix} \begin{bmatrix} 0 & i \\ -i & 0 \end{bmatrix} \begin{bmatrix} 0 \\ 1 \end{bmatrix} = i\beta$$

$$h_{21} = (\phi_2, \hat{h}\phi_1) = \beta \begin{bmatrix} 0 & 1 \end{bmatrix} \begin{bmatrix} 0 & i \\ -i & 0 \end{bmatrix} \begin{bmatrix} 1 \\ 0 \end{bmatrix} = -i\beta$$

$$h_{22} = (\phi_2, \hat{h}\phi_2) = \beta \begin{bmatrix} 0 & 1 \end{bmatrix} \begin{bmatrix} 0 & i \\ -i & 0 \end{bmatrix} \begin{bmatrix} 0 \\ 1 \end{bmatrix} = 0$$

由此得到久期方程

$$\begin{vmatrix} -E^1 & i\beta \\ -i\beta & -E^1 \end{vmatrix} = 0$$

解得 $E^1 = \pm\beta$。取 $E_1^1 = \beta$ 时,得方程

$$\begin{bmatrix} -\beta & i\beta \\ -i\beta & -\beta \end{bmatrix} \begin{bmatrix} c_1 \\ c_2 \end{bmatrix} = 0$$

解得两个等价结果 $c_1 = ic_2$ 或 $ic_1 = -c_2$。取 $c_2 = 1$,则 $c_1 = i$,此时的本征矢为

$$\psi_1^0 = c_1\phi_1 + c_2\phi_2 = i\begin{bmatrix} 1 \\ 0 \end{bmatrix} + \begin{bmatrix} 0 \\ 1 \end{bmatrix} = \begin{bmatrix} i \\ 1 \end{bmatrix}$$

归一化后记为 $\psi_1^0 = \dfrac{1}{\sqrt{2}}\begin{bmatrix} i \\ 1 \end{bmatrix}$。

取 $E_2^1 = -\beta$ 时,得方程

$$\begin{bmatrix} \beta & i\beta \\ -i\beta & \beta \end{bmatrix} \begin{bmatrix} c_1 \\ c_2 \end{bmatrix} = 0$$

容易解得此时的归一化本征矢为

$$\psi_2^0 = \frac{1}{\sqrt{2}}\begin{bmatrix} 1 \\ i \end{bmatrix}$$

最后,所求 $\hat{H}$ 的本征值与本征矢为

$$E_1 = \varepsilon + \beta, \psi_1^0 = \frac{1}{\sqrt{2}}\begin{bmatrix} i \\ 1 \end{bmatrix}$$

$$E_2 = \varepsilon - \beta, \psi_2^0 = \frac{1}{\sqrt{2}}\begin{bmatrix} 1 \\ i \end{bmatrix}$$

结果表明,由于微扰 $\hat{h}$ 的作用,原简并的本征值分裂为两个不同的取值,相应的波函数也发生变化。容易验证,ψ_1^0 与 ψ_2^0 就是 $\hat{H}$ 的本征函数,本征值就是 $\varepsilon \pm \beta$。

[例 7.9] 氢原子的一级斯塔克效应。

解:若对氢原子加以弱电场,则氢原子受到扰动,能级变化,因而谱线会与未加电场时的不同。氢原子在外电场作用下谱线分裂的现象称为斯塔克效应,其具体原因是外电场破坏了氢原子库仑场的对称性,从而使原来简并的能级分裂,从而产生出更多的谱线。

设所加外电场是沿 z 轴的均匀电场,$\vec{E} = E_0 e_z$,则电子在此电场中的势能为 $\hat{h} = e\vec{E} \cdot \vec{r}$。由于原子内部电场较大,约 10^{11} V/m,因此只要 E_0 不是很大,$\hat{h}$ 都可以看成是微扰。在外场下,氢原子哈密顿量可表示为 $\hat{H} = \hat{H}^0 + \hat{h}$,其中 $\hat{H}^0$ 就是没有外电场时的氢原子哈密顿量。前面已经求出 $\hat{H}^0$ 的本征值与本征函数,各能级的简并度为 n^2。现考虑 $n = 2$ 的情况,其本征值是 $E_2^0 = -\dfrac{e_s^2}{8r_0}$($r_0$ 为玻尔半径),相应的 4 个简并归一化本征函数是

$$\phi_1 = \psi_{200} = \frac{1}{4\sqrt{2\pi}}\left(\frac{1}{r_0}\right)^{\frac{3}{2}}\left(2 - \frac{r}{r_0}\right)e^{-\frac{r}{2r_0}}$$

$$\phi_2 = \psi_{210} = \frac{1}{4\sqrt{2\pi}}\left(\frac{1}{r_0}\right)^{\frac{3}{2}}\left(\frac{r}{r_0}\right)e^{-\frac{r}{2r_0}}\cos\theta$$

$$\phi_3 = \psi_{211} = -\frac{1}{8\sqrt{\pi}}\left(\frac{1}{r_0}\right)^{\frac{3}{2}}\left(\frac{r}{r_0}\right)e^{-\frac{r}{2r_0}}\sin\theta e^{i\varphi}$$

$$\phi_4 = \psi_{21-1} = \frac{1}{8\sqrt{\pi}}\left(\frac{1}{r_0}\right)^{\frac{3}{2}}\left(\frac{r}{r_0}\right)e^{-\frac{r}{2r_0}}\sin\theta e^{-i\varphi}$$

则微扰项 $\hat{h} = e\vec{E}\cdot\vec{r} = eE_0 r\cos\theta$ 的各矩阵元分别是

$$h_{11} = (\phi_1,\hat{h}\phi_1) = \frac{eE_0}{32\pi r_0^3}\int_0^{2\pi}\int_0^{\pi}\int_0^{\infty}\left(2-\frac{r}{r_0}\right)^2 r^3\sin\theta\cos\theta e^{-\frac{r}{r_0}}\mathrm{d}r\mathrm{d}\theta\mathrm{d}\varphi = 0$$

类似地,由于奇偶性,除 $h_{12} = h_{21}$ 不为 0 外,其他各项对 θ 的积分为 0。

$$h_{12} = (\phi_1,\hat{h}\phi_2) = \frac{eE_0}{32\pi r_0^4}\int_0^{2\pi}\int_0^{\pi}\int_0^{\infty}\left(2-\frac{r}{r_0}\right)r^4\sin\theta\cos^2\theta e^{-\frac{r}{r_0}}\mathrm{d}r\mathrm{d}\theta\mathrm{d}\varphi = -3eE_0 r_0$$

这样得到久期方程

$$\begin{vmatrix} -E_2^1 & -3eE_0 r_0 & 0 & 0 \\ -3eE_0 r_0 & -E_2^1 & 0 & 0 \\ 0 & 0 & -E_2^1 & 0 \\ 0 & 0 & 0 & -E_2^1 \end{vmatrix} = 0$$

由此解得

$$E_{21}^1 = 3eE_0 r_0$$
$$E_{22}^1 = -3eE_0 r_0$$
$$E_{23}^1 = E_{24}^1 = 0$$

明显地,原来的一个能级变为 3 个不同的能级,谱线由原来的一条变为 3 条,简并度部分消除。

当 $E_2^1 = E_{21}^1 = 3eE_0 r_0$ 时,可求出其对应的 0 级近似归一化波函数为 $\psi_{21}^0 = \frac{1}{\sqrt{2}}(\phi_1 - \phi_2)$;

当 $E_2^1 = E_{22}^1 = -3eE_0 r_0$ 时,其对应的 0 级近似归一化波函数为 $\psi_{22}^0 = \frac{1}{\sqrt{2}}(\phi_1 + \phi_2)$;

当 $E_2^1 = E_{23}^1 = E_{24}^1 = 0$ 时,其对应的 0 级近似归一化波函数就是 ϕ_3 和 ϕ_4。

7.3 含时微扰

如果外界微扰是时间的函数,则系统的哈密顿量也与时间相关,因此系统不存在定态,此时就需要找出随时间变化的状态波函数。

设体系的哈密顿量可表示为 $\hat{H}(t) = \hat{H}^0 + \lambda\hat{h}(t)$,其中 $\hat{H}^0$ 不含时间 t,且作用远大于 $\hat{h}$,因此 $\hat{h}$ 可认为是与时间相关的微扰项,λ 是为了方便引入的实参数。$\hat{H}^0$ 的本征值与正交归一化本征函数已知,本征方程为

$$\hat{H}^0\phi_n = E_n^0\phi_n \tag{7.13}$$

其相应的定态波函数表示为 $\Phi_n = \phi_n \mathrm{e}^{-\mathrm{i}\frac{E_n^0}{\hbar}t}$，则显然有

$$\mathrm{i}\hbar \frac{\partial \Phi}{\partial t} = \hat{H}^0 \Phi = E_n^0 \Phi \tag{7.14}$$

又设 $\hat{H}(t)$ 的波函数为 $\psi(\vec{r},t)$，则 $\psi(\vec{r},t)$ 满足 Schrodinger 方程

$$\mathrm{i}\hbar \frac{\partial \psi}{\partial t} = \hat{H}\psi \tag{7.15}$$

将 $\psi(\vec{r},t)$ 按 Φ_n 展开

$$\psi(\vec{r},t) = \sum_n a_n \Phi_n = \sum_n a_n(t) \phi_n \mathrm{e}^{-\mathrm{i}\frac{E_n^0}{\hbar}t}$$

代回 Schrodinger 方程 (7.15) 并化简，可得

$$\mathrm{i}\hbar \sum_n \Phi_n \frac{\mathrm{d}a_n(t)}{\mathrm{d}t} = \sum_n a_n(t) \hat{h} \Phi_n$$

以 Φ_m 对上式两边内积，得

$$\mathrm{i}\hbar \sum_n \frac{\mathrm{d}a_n(t)}{\mathrm{d}t}(\Phi_m, \Phi_n) = \sum_n a_n(t)(\Phi_m, \hat{h}\Phi_n)$$

利用

$$(\Phi_m, \Phi_n) = \left(\phi_m \mathrm{e}^{-\mathrm{i}\frac{E_m^0}{\hbar}t}, \phi_n \mathrm{e}^{-\mathrm{i}\frac{E_n^0}{\hbar}t}\right) = (\phi_m, \phi_n) \mathrm{e}^{-\mathrm{i}\frac{E_n^0-E_m^0}{\hbar}t} = \delta_{mn}$$

$$(\Phi_m, \hat{h}\Phi_n) = (\phi_m, \hat{h}\phi_n) \mathrm{e}^{-\mathrm{i}\frac{E_n^0-E_m^0}{\hbar}t} = h_{mn} \mathrm{e}^{\mathrm{i}\omega_{mn}t}$$

其中 $\omega_{mn} = \dfrac{E_m^0 - E_n^0}{\hbar}$ 是体系从能级 E_n^0 至 E_m^0 的跃迁频率。方程可改写为

$$\mathrm{i}\hbar \frac{\mathrm{d}a_m(t)}{\mathrm{d}t} = \sum_n h_{mn} a_n(t) \mathrm{e}^{\mathrm{i}\omega_{mn}t} \tag{7.16}$$

方程 (7.16) 可以理解为 Schrodinger 方程的另一种形式，直接求解十分困难。为了求取 $a_n(t)$ 的近似，将 $a_n(t)$ 按参数 λ 的幂级数展开：

$$a_n(t) = a_n^0 + \lambda a_n^1(t) + \lambda^2 a_n^2(t) + \cdots$$

并代回，比较两边 λ 的同次幂系数，得

λ 的 0 次幂：
$$\frac{\mathrm{d}a_m^0}{\mathrm{d}t} = 0 \tag{7.17}$$

λ 的 1 次幂：
$$\mathrm{i}\hbar \frac{\mathrm{d}a_m^1}{\mathrm{d}t} = \sum_n a_n^0 h_{mn} \mathrm{e}^{\mathrm{i}\omega_{mn}t} \tag{7.18}$$

由式 (7.17) 可以看到，a_m^0 不随时间变化，仅取决于体系未受微扰时的状态，可认为是初始条件。假设微扰在 $t=0$ 时开始作用，此时体系处于 Φ_l 态，即有 $\psi\,|_{t=0} = \Phi_l$，则 $a_n^0 = \delta_{nl}$，代入 1 次幂方程 (7.17)：

$$\mathrm{i}\hbar \frac{\mathrm{d}a_m^1}{\mathrm{d}t} = \sum_n \delta_{nl} h_{mn} \mathrm{e}^{\mathrm{i}\omega_{mn}t} = h_{ml} \mathrm{e}^{\mathrm{i}\omega_{ml}t} \Rightarrow$$

$$a_m^1 = \frac{1}{\mathrm{i}\hbar} \int_0^t h_{ml}(\tau) \mathrm{e}^{\mathrm{i}\omega_{ml}\tau} \mathrm{d}\tau \tag{7.19}$$

表明体系在 t 时刻处于 Φ_m 态的概率是 $|a_m^1|^2$，也就是体系受到微扰作用后，由初态 Φ_l

跃迁至 Φ_m 的概率为

$$P_{l \to m} = |a_m^1|^2 = \frac{1}{\hbar^2}\left|\int_0^t h_{ml} e^{i\omega_{ml}\tau} d\tau\right|^2 \tag{7.20}$$

下面主要讨论两种常见的微扰类型:常量微扰与周期性微扰。

(1)常量微扰

设微扰 $\hat{h}$ 仅作用在 $(0,t)$ 内,且是与时间无关的量,体系初态为 Φ_l,则有

$$a_l^1(t) = -i\frac{h_{ll}}{\hbar}t \quad (m=l)$$

$$a_m^1(t) = \frac{h_{ml}}{i\hbar}\int_0^t e^{i\omega_{ml}\tau} d\tau = \frac{h_{ml}}{\hbar\omega}(1-e^{i\omega_{ml}t}) \quad (m \neq l)$$

说明当微扰消除时,初态波函数 $\Phi_l = \phi_l e^{-i\frac{E_l^0}{\hbar}t}$ 变为

$$\psi = \sum_n a_n(t)\phi_n e^{-i\frac{E_n^0}{\hbar}t} = (1+a_l^1(t))\phi_l e^{-i\frac{E_l^0}{\hbar}t} + \sum_{n \neq l} a_n^1(t)\phi_n e^{-i\frac{E_n^0}{\hbar}t}$$

此处注意,根据前面的设定 $a_n^0 = \delta_{nl}$,$a_n(t) \approx a_n^0 + a_n^1(t)$,仅保留下一级近似。在 t 时刻找到体系处于 Φ_n 态的概率为

$$P_{l \to n} = |a_n^1|^2 = \frac{|h_{nl}|^2}{\hbar^2}\frac{\sin^2\frac{\omega_{nl}}{2}t}{\left(\frac{\omega_{nl}}{2}\right)^2} \quad (n \neq l) \tag{7.21}$$

由于函数 $\frac{\sin^2 x}{x^2}$ 在 $x=0$ 时有最大值 1,因此初态最有可能跃迁至与其能级相近的态;如果微扰作用时间很短,$t \to 0$,则 $\sin^2\frac{\omega_{nl}}{2}t \approx \frac{\omega_{nl}^2}{4}t^2$,$P_{l \to n} \approx \frac{|h_{nl}|^2}{\hbar^2}t^2$,即跃迁概率与时间的平方成正比。

如果微扰作用时间很长,$t \to \infty$,利用 $\delta(x)$ 函数

$$\delta(x) = \lim_{t \to \infty}\frac{\sin^2 xt}{\pi x^2 t}$$

$$P_{l \to n}|_{t \to \infty} = \lim_{t \to \infty}|a_n^1|^2 = \frac{\pi|h_{nl}|^2 t}{\hbar^2}\delta\left(\frac{\omega_{nl}}{2}\right) = \frac{2\pi|h_{nl}|^2}{\hbar^2}\delta(\omega_{nl})t = \frac{2\pi|h_{nl}|^2}{\hbar}\delta(E_n^0-E_l^0)t, n \neq l \tag{7.22}$$

表明体系在常微扰作用下,经过足够长时间之后,初态只可能跃迁到能量相同的态。当然能量相同并不意味着态也相同,比如在简并时,一个能级可能有多个态,特别是当末态是连续态的情况。若末态为连续态分布,设态密度为 $\rho(E_n^0)$,也就是指在 $(E_n^0, E_n^0 + dE_n^0)$ 能量范围内的状态数量为 $\rho(E_n^0)dE_n^0$。这样由初态跃迁至 $(E_n^0, E_n^0 + \Delta E_n^0)$ 中各态的概率是

$$P = \frac{2\pi t}{\hbar^2}\int_{\Delta E_n^0}|h_{nl}|^2\rho(E_n^0)\delta(\omega_{nl})dE_n^0$$

$$= \frac{2\pi t}{\hbar}\int_{\Delta E_n^0}|h_{nl}|^2\rho(E_n^0)\delta(\omega_{nl})d\omega_{nl} \approx \frac{2\pi t}{\hbar}|h_{nl}|^2\rho(E_n^0)$$

相应的跃迁速率就是

$$\frac{dP}{dt} = \frac{2\pi}{\hbar}|h_{nl}|^2\rho(E_n^0) \tag{7.23}$$

此式称为费米黄金规则。

(2) 周期微扰

设微扰 $\hat{h} = \hat{F}(e^{i\omega t} + e^{-i\omega t})$，$\hat{F}$ 与时间无关，ω 是微扰的角频率。$\hat{h}$ 的矩阵元为

$$h_{nl} = (\phi_n, \hat{h}\phi_l) = (\phi_n, \hat{F}\phi_l)(e^{i\omega t} + e^{-i\omega t}) = F_{nl}(e^{i\omega t} + e^{-i\omega t})$$

则

$$a_n^1 = \frac{1}{i\hbar}\int_0^t h_{nl}(\tau)e^{i\omega_{nl}\tau}d\tau = \frac{F_{nl}}{i\hbar}\int_0^t(e^{i\omega\tau} + e^{-i\omega\tau})e^{i\omega_{nl}\tau}d\tau$$

$$= \frac{F_{nl}}{i\hbar}\int_0^t(e^{i(\omega+\omega_{nl})\tau} + e^{i(\omega_{nl}-\omega)\tau})d\tau = \frac{F_{nl}}{\hbar}\left(\frac{1 - e^{i(\omega_{nl}+\omega)t}}{\omega_{nl}+\omega} + \frac{1 - e^{i(\omega_{nl}-\omega)t}}{\omega_{nl}-\omega}\right) \quad (7.24)$$

由极限

$$\lim_{x\to 0}\frac{1 - e^{ixt}}{x} = -it$$

可知，当 $\omega_{nl} \to \pm\omega$ 时，a_n^1 等式的右边第二项或第一项起主要作用；而当 $\omega_{nl} \neq \pm\omega$ 时，这两项都较小。因此只有当 $\omega_{nl} \approx \pm\omega$ 时才会出现明显的跃迁，此时体系从 l 态跃迁至 n 态，吸收或发射能量 $E_n^0 - E_l^0 = \hbar\omega_{nl}$。由于吸收和发射频率与扰动频率相近，因此这是一个共振跃迁的过程，其跃迁概率近似为

$$P_{l\to n} = \frac{|F_{nl}|^2}{\hbar^2}\frac{\sin^2\frac{\omega_{nl}\pm\omega}{2}t}{\left(\frac{\omega_{nl}\pm\omega}{2}\right)^2} \quad (7.25)$$

显然，当 $\omega = 0$ 时，此结果正是常微扰条件下的跃迁概率。如果 $\hat{F}$ 是厄米算符，则有 $|F_{nl}| = |F_{ln}|$，因此有 $P_{l\to n} = P_{n\to l}$。当微扰作用时间很长，可以认为 $t\to\infty$，利用 δ 函数的性质 $\delta(x) = \frac{1}{2\pi}\lim_{\lambda\to\infty}\frac{\sin^2\frac{\lambda x}{2}}{\lambda\left(\frac{x}{2}\right)^2}$，有

$$P_{l\to n} = \frac{|F_{nl}|^2}{\hbar^2}\frac{\sin^2\frac{\omega_{nl}\pm\omega}{2}t}{\left(\frac{\omega_{nl}\pm\omega}{2}\right)^2}\bigg|_{t\to\infty} = \frac{2\pi t}{\hbar^2}|F_{nl}|^2\delta(\omega_{nl}\pm\omega) \quad (7.26)$$

由此可知，在微扰作用时间足够长时，仅有共振跃迁发生，其跃迁速度也与时间无关。同时，由于 $\delta(\omega_{nl}\pm\omega) = \hbar\delta(E_n^0 - E_l^0 \pm\hbar\omega)$，因此在跃迁过程中能量守恒。

含时微扰有很多非常重要的应用，如计算电磁场作用下的原子跃迁，从而预测微扰作用后的量子体系的状态。特别地，光波的吸收与辐射就可以直接应用含时微扰理论进行讨论。又例如，在激光物理学中，因为含时间电场的作用，可以计算一个气体处于某个量子态的概率密度函数，而这个概率也可以用来计算谱线的量子增宽。

[**例 7.10**] 设 $t = -\infty$ 时，一维谐振子处于基态 $|0\rangle$，微扰 $\hat{h} = -eE_0 x^{-t^2}$，求 $t = +\infty$ 时振子处于 $|n\rangle$ 的概率。

解: 未受微扰时的初态是 $|0\rangle$，谐振子能级为 $E_n^0 = \left(n + \frac{1}{2}\right)\hbar\omega$，因此 $\omega_{n0} = n\omega$。作为 1 级

近似,由公式可知:

$$a_n^1 = \frac{1}{i\hbar}\int_{-\infty}^{+\infty} h_{n0} e^{i\omega_{n0}\tau}\,\mathrm{d}\tau = \frac{1}{i\hbar}\int_{-\infty}^{+\infty} <n\mid \hat{h}\mid 0> e^{in\omega\tau}\,\mathrm{d}\tau$$

$$= -\frac{eE_0}{i\hbar}\int_{-\infty}^{+\infty} <n\mid x\mid 0> e^{-\tau^2} e^{in\omega\tau}\,\mathrm{d}\tau$$

利用 $x = \sqrt{\dfrac{\hbar}{2m\omega}}(a + a^+), a\mid 0> = 0$ 及 $a^+\mid 0> = \mid 1>$,可得

$$<n\mid x\mid 0> = \sqrt{\frac{\hbar}{2m\omega}}(<n\mid a\mid 0> + <n\mid a^+\mid 0>) = \sqrt{\frac{\hbar}{2m\omega}}\delta_{n1}$$

因此,谐振子只能跃迁至 $\mid 1>$ 态,而跃迁至其他态的概率为 0。

$$a_1^1 = -\frac{eE_0}{i\hbar}\sqrt{\frac{\hbar}{2m\omega}}\int_{-\infty}^{+\infty} e^{-\tau^2} e^{i\omega\tau}\,\mathrm{d}\tau$$

$$= -\frac{eE_0}{i\hbar}\sqrt{\frac{\hbar}{2m\omega}}e^{-\frac{\omega^2}{4}}\int_{-\infty}^{+\infty} e^{-(\tau-\frac{i\omega}{2})^2}\,\mathrm{d}\tau = -\frac{eE_0}{i\hbar}\sqrt{\frac{\pi\hbar}{2m\omega}}e^{-\frac{\omega^2}{4}}$$

因此,$t = +\infty$,振子处于 $\mid 1>$ 态的概率为

$$P_{0\to1} = \mid a_1^1\mid^2 = \frac{\pi e^2 E_0^2}{2m\omega\hbar}e^{-\frac{\omega^2}{2}}$$

而振子处于 $\mid n>(n\neq 0,1)$ 的概率为 0。

[例 7.11] 设处于高能级的原子在经过 $\Delta t = 10^{-9}$ s 后跃迁至低能级。求此高能级的能级宽度和发射光子的频率的不确定度。

解: 由测不准原理 $\Delta E \cdot \Delta t \geqslant \dfrac{\hbar}{2}$,可得能级宽度

$$\Delta E \geqslant \frac{\hbar}{2\Delta t} = \frac{1.05\times10^{-34}}{2\times10^{-9}}\,\mathrm{J} \approx 5.3\times10^{-26}\,\mathrm{J}$$

频率不确定度

$$\Delta\gamma = \frac{\Delta E}{h} \approx \frac{1}{4\pi\Delta t} = 8\times10^9\,\mathrm{s}$$

[例 7.12] 设微扰 $\hat{h} = \xi, \mid t\mid < \varepsilon, \hat{h} = 0, \mid t\mid > \varepsilon, \varepsilon\to+0$,求体系波函数 $\psi(t)$ 的变化。

解: 设体系哈密顿算符为 $\hat{H}(t) = \hat{H}^0 + \hat{h}, \hat{H}^0$ 是未受微扰时的哈密顿量。由 Schrodinger 方程

$$i\hbar\frac{\partial\psi(t)}{\partial t} = \hat{H}(t)\psi(t)$$

两边对 t 积分,可得

$$\psi(\varepsilon) - \psi(-\varepsilon) = \frac{1}{i\hbar}\int_{-\varepsilon}^{\varepsilon}\hat{H}(\tau)\psi(\tau)\,\mathrm{d}\tau$$

当 $\varepsilon\to+0$ 时,由 $\hat{H},\psi$ 的有界性可知 $\psi(+0) = \psi(-0)$,表明波函数没有发生变化。因此,有限的瞬时微扰并不会改变体系的现有状态。

[例 7.13] 设有一个二能级系统,未受微扰时的哈密顿量是 $\hat{H}^0 = \begin{bmatrix} E_0 & 0 \\ 0 & E_0 \end{bmatrix}$,本征态为 ϕ_1

与 ϕ_2。微扰矩阵 $\hat{h} = \begin{bmatrix} 0 & \alpha \\ \alpha & 0 \end{bmatrix}$，微扰在 $t>0$ 时作用，$t=0$ 时系统波函数为 ϕ_1。求 $t>0$ 时的波函数。

解：$t>0$ 时的哈密顿量为 $\hat{H} = \hat{H}^0 + \hat{h} = \begin{bmatrix} E_0 & \alpha \\ \alpha & E_0 \end{bmatrix}$，设其本征值为 λ，则由

$$\begin{bmatrix} E_0 - \lambda & \alpha \\ \alpha & E_0 - \lambda \end{bmatrix} = 0$$

可以求得本征值 $\lambda = E_0 \pm \alpha$。设 $\hat{H}$ 的本征函数为 $\psi = \begin{bmatrix} c_1 \\ c_2 \end{bmatrix}$，则当 $\lambda = E_0 + \alpha$ 时，由方程

$$\begin{bmatrix} E_0 & \alpha \\ \alpha & E_0 \end{bmatrix} \begin{bmatrix} c_1 \\ c_2 \end{bmatrix} = (E_0 + \alpha) \begin{bmatrix} c_1 \\ c_2 \end{bmatrix}$$

可求得 $c_1 = c_2$，则此时归一化的波函数可表示为

$$\psi_1 = \frac{1}{\sqrt{2}}\phi_1 + \frac{1}{\sqrt{2}}\phi_2$$

类似地，可求得 $\lambda = E_0 - \alpha$ 时的归一化波函数为

$$\psi_2 = \frac{1}{\sqrt{2}}\phi_1 - \frac{1}{\sqrt{2}}\phi_2$$

因此可以把 $t=0$ 时系统的初始波函数 ϕ_1 表示为

$$\phi_1 = \frac{1}{\sqrt{2}}\psi_1 + \frac{1}{\sqrt{2}}\psi_2$$

则 $t>0$ 时的波函数为

$$\psi(t) = \frac{1}{\sqrt{2}}\psi_1 e^{-i\frac{E_0+\alpha}{\hbar}t} + \frac{1}{\sqrt{2}}\psi_2 e^{-i\frac{E_0-\alpha}{\hbar}t} = \left(\phi_1 \cos\frac{\alpha}{\hbar}t - i\phi_2 \sin\frac{\alpha}{\hbar}t\right)e^{-i\frac{E_0}{\hbar}t}$$

由此结果看出，$t>0$ 时，系统仍处于 ϕ_1 的概率是 $\cos^2\frac{\alpha}{\hbar}t$，而跃迁至 ϕ_2 态的概率是 $\sin^2\frac{\alpha}{\hbar}t$。

习　题

7.1　设一量子体系的 Hamilton 量为 $\hat{H} = \begin{bmatrix} E_1 & a & b \\ a & E_2 & c \\ b & c & E_3 \end{bmatrix}$，其中 a,b,c 为小实数。试利用微扰法计算体系能量的一级和二级修正。

7.2　一电荷为 q 的线性谐振子受到沿正 x 方向恒定弱电场 E 的作用，试求振子的一、二级能量修正。

7.3　在一维无限深势阱中运动的粒子，受到微扰 $\varepsilon\delta(x-a/2)$（ε 是小实数），求此粒子各能级能量的 1 级修正值。$\left(\text{已知}: E_n = \frac{n^2\hbar^2\pi^2}{2ma^2}, \phi_n = \sqrt{\frac{2}{a}}\sin\frac{n\pi}{a}x\right)$

7.4 利用变分法求一维线性谐振子基态能量的近似值。

7.5 设 $t = -\infty$ 时，一维线性谐振子处于基态，在经过微扰 $H'(t) = -eExe^{-t^2}$ 后(其中 e, E 是常数)，求无限长时间后，粒子处于 $|n>$ 态的概率。$\left(提示: \hat{x} = \sqrt{\dfrac{\hbar}{2m\omega}}(\hat{a} + \hat{a}^+) \right)$

第 **8** 章
粒子的自旋与全同性

前面介绍的量子力学理论虽然能解释很多微观粒子的运动现象,但仍有一些问题没得到解决,比如施特恩-盖拉赫实验、塞曼效应、光谱线的精细结构、多粒子体系问题等。这说明量子力学还并不完善,存在着较大的局限性,还需要进一步丰富和发展。

8.1 自旋与自旋算符

1921 年,施特恩和盖拉赫在实验时发现,一束银原子穿过不均匀磁场时,银原子将分裂为两束,换成处于基态的氢原子或其他原子进行实验也出现相同的现象。原子束在磁场中产生偏转,显然是因为原子具有磁矩,而基态原子的角量子数 $l=0$,没有轨道角动量,因此不可能有轨道磁矩,因此是一种不同于轨道磁矩的新磁矩;另外,分裂为两条线又说明这种新磁矩的空间取向是量子化的。为了解释原子束在外磁场中分裂为两条线的事实,1925 年乌伦贝克与哥德斯密特提出了自旋假说,泡利在 1927 年把电子自旋的概念引入到了量子力学中,从而使量子力学能很好地解释施特恩-盖拉赫实验、精细结构、塞曼效应及多粒子体系等一系列问题。

依据乌伦贝克和哥德斯密特的假定,电子的自旋具有如下的两个性质:

① 每个电子都具有自旋角动量 $\vec{S}$,$\vec{S}$ 在任何一个方向上的投影只有两个取值,如果假设这个方向是 e_z,则 $S_z = \pm\dfrac{\hbar}{2}$;

② 每个电子都具有自旋磁矩 $\vec{M}_s$,利用自旋角动量表示为 $\vec{M}_s = -\dfrac{e}{m}\vec{S}$,因此电子的自旋磁矩在任一方向上的投影也只能取两个值,即 $\pm\dfrac{e\hbar}{2m} = \pm\vec{M}_B$,其中 $\vec{M}_B$ 称为玻尔磁子。

电子的自旋被认为是电子的内禀性质,是电子表现出来的一种独特的量子特性;同时它与其他一般的力学量不同,不能用电子的坐标和动量来描述,因此必须引入新的变量来表示电子的自旋状态。根据量子力学算符公设,所有可观测的力学量都可用一个厄米算符来表示,因此既然电子的自旋有可观测的效应,电子的自旋也可用一个厄米算符来表示;同时,由于自旋表现出角动量的共同性质,因此电子的自旋算符也称为自旋角动量算符,用 $\hat{S}$ 来表示。显然,$\hat{S}$

也满足一般角动量的对易关系：

$$\hat{S} \times \hat{S} = i\hbar\hat{S} \tag{8.1}$$

或者用分量来表示$[\hat{S}_\alpha, \hat{S}_\beta] = \varepsilon_{\alpha\beta\gamma} i\hbar S_\gamma, \alpha, \beta, \gamma = x, y, z; \varepsilon_{\alpha\beta\gamma}$为列维－斯维塔记号。

由于$\hat{S}$在任何方向上的投影只取两个值$\pm\dfrac{\hbar}{2}$，因此$\hat{S}$在3个坐标轴上的投影$\hat{S}_x, \hat{S}_y$及$\hat{S}_z$也只能取$\pm\dfrac{\hbar}{2}$，则有

$$\hat{S}_x^2 = \hat{S}_y^2 = \hat{S}_z^2 = \frac{\hbar^2}{4} \tag{8.2}$$

自旋角动量$\hat{S}$的平方$\hat{S}^2$的本征值就是

$$\hat{S}^2 = \hat{S}_x^2 + \hat{S}_y^2 + \hat{S}_z^2 = \frac{3}{4}\hbar^2 = s(s+1)\hbar^2 \tag{8.3}$$

与轨道角动量平方算符的本征值$\hat{L}^2 = l(l+1)\hbar^2$相对照，$s$与角量子数$l$相似，称为自旋量子数，但只能取一个值，即$s = \dfrac{1}{2}$。

利用$\hat{S}$各分量的对易关系及其平方是常量的性质，容易证明其各分量满足反对易关系：

$$[\hat{S}_\alpha, \hat{S}_\beta]_+ = 0 \tag{8.4}$$

例如

$$[\hat{S}_x, \hat{S}_y]_+ = \hat{S}_x\hat{S}_y + \hat{S}_y\hat{S}_x = \frac{1}{i\hbar}\hat{S}_x[\hat{S}_z, \hat{S}_x] + \frac{1}{i\hbar}[\hat{S}_z, \hat{S}_x]\hat{S}_x$$
$$= \frac{1}{i\hbar}[\hat{S}_z, \hat{S}_x^2] = \frac{1}{i\hbar}[\hat{S}_z, \frac{\hbar^2}{4}] = 0$$

其他分量之间的反对易关系同理可证。

在处理角动量中，由于$\hat{L}^2$与$\hat{L}$的各个分量$\hat{L}_x, \hat{L}_y, \hat{L}_z$对易，因此通常选用$\hat{L}^2$与$\hat{L}_z$的共同函数系作为表象。类似地，对自旋角动量算符，也存在对易关系：

$$[\hat{S}^2, \hat{S}_x] = [\hat{S}^2, \hat{S}_y] = [\hat{S}^2, \hat{S}_z] = 0 \tag{8.5}$$

因此取$\hat{S}^2$与$\hat{S}_z$的共同表象。由于$\hat{S}_z$只有两个本征值$\pm\dfrac{\hbar}{2}$，则在此共同表象中，$\hat{S}_z$的矩阵是对角阵，对角线上的元素就是各个本征值。这样，在$\hat{S}^2$与$\hat{S}_z$的共同表象中，$\hat{S}_z$的矩阵为

$$\hat{S}_z = \begin{bmatrix} \dfrac{\hbar}{2} & 0 \\ 0 & -\dfrac{\hbar}{2} \end{bmatrix} = \frac{\hbar}{2}\begin{bmatrix} 1 & 0 \\ 0 & -1 \end{bmatrix}$$

容易求出$\hat{S}_z$取本征值为$\pm\dfrac{\hbar}{2}$时的归一化本征矢，分别记为$\chi_{\frac{1}{2}}, \chi_{-\frac{1}{2}}$：

$$\chi_{\frac{1}{2}} = |\frac{1}{2}\rangle = \begin{bmatrix} 1 \\ 0 \end{bmatrix}$$

$$\chi_{-\frac{1}{2}} = | -\frac{1}{2} > = \begin{bmatrix} 0 \\ 1 \end{bmatrix}$$

$\chi_{\frac{1}{2}}, \chi_{-\frac{1}{2}}$ 就构成了正交归一完备系。知道了 $\hat{S}_z$ 的矩阵形式,可利用对易关系、反对易关系等性质求出在 $\hat{S}^2$ 与 $\hat{S}_z$ 的共同表象中 $\hat{S}_x$ 与 $\hat{S}_y$ 的矩阵表示。设 $\hat{S}_x$ 的矩阵为

$$S_x = \begin{bmatrix} a & b \\ c & d \end{bmatrix}$$

由 $\hat{S}_x$ 的厄米性质 $\hat{S}_x^+ = \hat{S}_x$,可知 $b = c^*$;由反对易关系 $[\hat{S}_x, \hat{S}_z]_+ = 0$,可知

$$[\hat{S}_x, \hat{S}_z]_+ = 0 \Rightarrow \hat{S}_x\hat{S}_z + \hat{S}_z\hat{S}_x = 0 \Rightarrow \frac{\hbar}{2}\begin{bmatrix} a & c^* \\ c & d \end{bmatrix}\begin{bmatrix} 1 & 0 \\ 0 & -1 \end{bmatrix} + \frac{\hbar}{2}\begin{bmatrix} 1 & 0 \\ 0 & -1 \end{bmatrix}\begin{bmatrix} a & c^* \\ c & d \end{bmatrix} = 0$$

得到

$$\begin{bmatrix} 2a & 0 \\ 0 & -2d \end{bmatrix} = 0$$

因此有 $a = 0, d = 0$。再由 $\hat{S}_x^2 = \frac{\hbar^2}{4}$,可知

$$\begin{bmatrix} 0 & c^* \\ c & 0 \end{bmatrix}\begin{bmatrix} 0 & c^* \\ c & 0 \end{bmatrix} = \frac{\hbar^2}{4}\begin{bmatrix} 1 & 0 \\ 0 & 1 \end{bmatrix}$$

得到 $|b|^2 = |c|^2 = \frac{\hbar^2}{4}$。为简单计,取 $b = c = \frac{\hbar}{2}$。由此得到 $\hat{S}_x$ 在 $\hat{S}^2$ 与 $\hat{S}_z$ 的共同表象中的矩阵形式:

$$\hat{S}_x = \begin{bmatrix} 0 & \frac{\hbar}{2} \\ \frac{\hbar}{2} & 0 \end{bmatrix} = \frac{\hbar}{2}\begin{bmatrix} 0 & 1 \\ 1 & 0 \end{bmatrix}$$

同理,可求出 $\hat{S}_y$ 在 $\hat{S}^2$ 与 $\hat{S}_z$ 的共同表象中的矩阵形式。这里还有 $\hat{S}_y$ 与 $\hat{S}_x$ 和 $\hat{S}_z$ 的对易关系可利用,因此 $\hat{S}_y$ 的矩阵是完全确定的,即

$$\hat{S}_y = \begin{bmatrix} 0 & -i\frac{\hbar}{2} \\ i\frac{\hbar}{2} & 0 \end{bmatrix} = \frac{\hbar}{2}\begin{bmatrix} 0 & -i \\ i & 0 \end{bmatrix}$$

从 $\hat{S}_x, \hat{S}_y$ 和 $\hat{S}_z$ 的矩阵表示可以看出,都有公共系数 $\frac{\hbar}{2}$,可以引入一个新的算符使表达式简洁,这个引入的新算符称为泡利算符,表示为

$$\sigma_x = \begin{bmatrix} 0 & 1 \\ 1 & 0 \end{bmatrix}$$

$$\sigma_y = \begin{bmatrix} 0 & -i \\ i & 0 \end{bmatrix}$$

$$\sigma_z = \begin{bmatrix} 1 & 0 \\ 0 & -1 \end{bmatrix}$$

这样自旋角动量算符用泡利算符表示为

$$\hat{S} = \frac{\hbar}{2}\hat{\sigma} \tag{8.6}$$

容易看出,泡利算符 σ 具有以下性质:

①有对易关系 $\hat{\sigma} \times \hat{\sigma} = 2i\hat{\sigma}$,分量表达为 $[\hat{\sigma}_\alpha, \hat{\sigma}_\beta] = \varepsilon_{\alpha\beta\gamma}2i\hat{\sigma}_\gamma$;

② σ 各分量的本征值均为 ± 1, $\hat{\sigma}_x^2 = \hat{\sigma}_y^2 = \hat{\sigma}_z^2 = 1$, $\hat{\sigma}^2 = 3$;

③满足反对易关系 $[\hat{\sigma}_\alpha, \hat{\sigma}_\beta]_+ = 0$。

由于不能采用坐标和动量来描述自旋,因此在反映电子运动状态的波函数中必须引入第四个独立变量 s_z 来描述粒子的自旋状态,则波函数应当写成 $\psi(x,y,z,s_z,t)$。考虑到 s_z 只能取两个值,同时自旋算符是 2×2 矩阵,因此很自然地可以把 ψ 表示成一个 2×1 的列向量。这实际上是把 ψ 在 $\hat{S}^2$ 与 $\hat{S}_z$ 的共同表象中的基 $\chi_{\frac{1}{2}}$, $\chi_{-\frac{1}{2}}$ 上展开:

$$\psi(x,y,z,s_z,t) = \psi_{\frac{1}{2}}(x,y,z,t)\chi_{\frac{1}{2}} + \psi_{-\frac{1}{2}}(x,y,z,t)\chi_{-\frac{1}{2}} = \begin{bmatrix} \psi_{\frac{1}{2}} \\ \psi_{-\frac{1}{2}} \end{bmatrix}$$

式中 $\psi_{\frac{1}{2}}$ 与 $\psi_{-\frac{1}{2}}$ 分别是展开系数,则粒子自旋为 $\frac{\hbar}{2}$ 与 $-\frac{\hbar}{2}$ 的概率分别就是 $|\psi_{\frac{1}{2}}|^2$ 与 $|\psi_{-\frac{1}{2}}|^2$。归一化条件要求

$$\psi^*\psi = |\psi_{\frac{1}{2}}|^2 + |\psi_{-\frac{1}{2}}|^2 = 1$$

一般情况下,电子自旋和轨道角动量之间存在着相互作用,但是当这种相互作用很小,可以忽略时,自旋变量 s_z 与空间坐标变量 x,y,z 互不相干,波函数可简单地表示为

$$\psi(x,y,z,t) = \psi'(x,y,z,t)\chi(s_z) \tag{8.7}$$

其中 $\chi(s_z)$ 为自旋波函数,只与粒子的自旋相关,自旋算符也仅对自旋波函数有作用。当 s_z 取值 $\pm\frac{\hbar}{2}$ 时, $\chi(s_z)$ 分别是波函数 $\chi_{\frac{1}{2}}$ 和 $\chi_{-\frac{1}{2}}$; ψ' 则表示与自旋无关的波函数,也就是当 s_z 取值 $\pm\frac{\hbar}{2}$ 时,代表波函数 $\psi_{\frac{1}{2}}$ 与 $\psi_{-\frac{1}{2}}$。

[例8.1] 试求在 $\hat{\sigma}^2$ 与 $\hat{\sigma}_x$ 的共同表象中泡利算符 $\hat{\sigma}_x$、$\hat{\sigma}_y$ 与 $\hat{\sigma}_z$ 的矩阵。

解:我们已经求出在 $\hat{\sigma}^2$ 与 $\hat{\sigma}_z$ 的共同表象中的泡利矩阵,注意到 e_z 方向本来是任取的,因此如果把 e_x 方向看成是 e_z 方向,并保持坐标的右手特性,维持 xyz 的顺序不变,则原来的顺序 xyz 变为 yzx,也就是 y 轴变成 x 轴,z 轴变成 y 轴,其对应的矩阵就是

$$\sigma_x = \begin{bmatrix} 1 & 0 \\ 0 & -1 \end{bmatrix}$$

$$\sigma_y = \begin{bmatrix} 0 & 1 \\ 1 & 0 \end{bmatrix}$$

$$\sigma_z = \begin{bmatrix} 0 & -i \\ i & 0 \end{bmatrix}$$

[例8.2] 证明:不存在与泡利算符的 3 个分量都反对易的非 0 矩阵。

证明:设矩阵 F 与 $\hat{\sigma}_x$、$\hat{\sigma}_y$ 与 $\hat{\sigma}_z$ 的矩阵都反对易,只需证明 F 为 0 矩阵。由反对易条件

$$[F,\sigma_x]_+ = F\sigma_x + \sigma_x F = 0$$
$$[F,\sigma_y]_+ = F\sigma_y + \sigma_y F = 0$$
$$[F,\sigma_z]_+ = F\sigma_z + \sigma_z F = 0$$

有反对易子

$$[F,\sigma_x\sigma_y]_+ = F\sigma_x\sigma_y + \sigma_x\sigma_y F = -\sigma_x F\sigma_y + \sigma_x\sigma_y F = \sigma_x\sigma_y F + \sigma_x\sigma_y F = 2\sigma_x\sigma_y F$$

同时

$$[F,\sigma_x\sigma_y]_+ = F\sigma_x\sigma_y + \sigma_x\sigma_y F = F\sigma_x\sigma_y - \sigma_x F\sigma_y = F\sigma_x\sigma_y + F\sigma_x\sigma_y = 2F\sigma_x\sigma_y$$

因此

$$F\sigma_x\sigma_y = \sigma_x\sigma_y F$$

另外，由对易及反对易关系 $[\sigma_x,\sigma_y]=\mathrm{i}\hbar$，$[\sigma_x,\sigma_y]_+=0$ 可得

$$\sigma_x\sigma_y - \sigma_y\sigma_x = \mathrm{i}\hbar\sigma_z$$
$$\sigma_x\sigma_y + \sigma_y\sigma_x = 0$$
$$2\sigma_x\sigma_y = \mathrm{i}\hbar\sigma_z$$
$$2\sigma_y\sigma_x = -\mathrm{i}\hbar\sigma_z$$

代回得到

$$\mathrm{i}\hbar F\sigma_z = \mathrm{i}\hbar\sigma_z F \Rightarrow F\sigma_z = \sigma_z F$$

但 $[F,\sigma_z]_+=0$，因此 $F\sigma_z + \sigma_z F = 0$，也就是 F 与 $\hat{\sigma}_z$ 对易，又反对易，所以

$$\sigma_z F = F\sigma_z = 0 \Rightarrow \sigma_z^2 F = F\sigma_z^2 = 0 \Rightarrow F = 0$$

结果说明满足所给条件的矩阵只能是 0 矩阵。

[**例** 8.3]　球坐标中的单位向量表示为 $e_n = (\sin\theta\cos\varphi, \sin\theta\sin\varphi, \cos\theta)$，求在 σ_z 表象中，算符 $\hat{\sigma}$ 在 e_n 方向上的投影算符 $\hat{\sigma}_n = \hat{\sigma}\cdot e_n$ 的本征值和本征函数。

解： 由题意

$$\hat{\sigma}_n = \hat{\sigma}\cdot e_n = \sin\theta\cos\varphi\hat{\sigma}_x + \sin\theta\sin\varphi\hat{\sigma}_y + \cos\theta\hat{\sigma}_z$$

代入泡利算符各分量的矩阵形式

$$\hat{\sigma}_n = \sin\theta\cos\varphi\begin{bmatrix}0&1\\1&0\end{bmatrix} + \sin\theta\sin\varphi\begin{bmatrix}0&-\mathrm{i}\\\mathrm{i}&0\end{bmatrix} + \cos\theta\begin{bmatrix}1&0\\0&-1\end{bmatrix}$$

合并各矩阵，并利用欧拉公式 $e^{\mathrm{i}\varphi} = \cos\varphi + \mathrm{i}\sin\varphi$，可得

$$\hat{\sigma}_n = \begin{bmatrix}\cos\theta & \sin\theta e^{-\mathrm{i}\varphi}\\ \sin\theta e^{\mathrm{i}\varphi} & -\cos\theta\end{bmatrix}$$

设本征值为 λ，本征矢为 $\begin{bmatrix}a\\b\end{bmatrix}$，则本征方程为

$$\begin{bmatrix}\cos\theta & \sin\theta e^{-\mathrm{i}\varphi}\\ \sin\theta e^{\mathrm{i}\varphi} & -\cos\theta\end{bmatrix}\begin{bmatrix}a\\b\end{bmatrix} = \lambda\begin{bmatrix}a\\b\end{bmatrix}$$

久期方程为

$$\begin{vmatrix}\cos\theta-\lambda & \sin\theta e^{-\mathrm{i}\varphi}\\ \sin\theta e^{\mathrm{i}\varphi} & -\cos\theta-\lambda\end{vmatrix} = 0$$

容易解得本征值 $\lambda = \pm1$。当 $\lambda=1$ 时，有

$$\begin{bmatrix} \cos\theta & \sin\theta e^{-i\varphi} \\ \sin\theta e^{i\varphi} & -\cos\theta \end{bmatrix}\begin{bmatrix} a \\ b \end{bmatrix} = \begin{bmatrix} a \\ b \end{bmatrix}$$

可得 $b\cos\frac{\theta}{2}e^{-i\varphi}=a\sin\frac{\theta}{2}$，或 $a\sin\frac{\theta}{2}e^{i\varphi}=b\cos\frac{\theta}{2}$。取 $a=\cos\frac{\theta}{2}e^{-i\frac{\varphi}{2}}$，则 $b=\sin\frac{\theta}{2}e^{i\frac{\varphi}{2}}$。对应的归一化本征矢是 $\begin{bmatrix}\cos\frac{\theta}{2}e^{-i\frac{\varphi}{2}} \\ \sin\frac{\theta}{2}e^{i\frac{\varphi}{2}}\end{bmatrix}$。同理可得 $\lambda=-1$ 时的归一化本征矢 $\begin{bmatrix}\sin\frac{\theta}{2}e^{-i\frac{\varphi}{2}} \\ -\cos\frac{\theta}{2}e^{i\frac{\varphi}{2}}\end{bmatrix}$。

8.2 简单塞曼效应

氢原子或类氢原子中的电子具有自旋与轨道角动量，两者之间存在相互作用。同时，自旋与轨道角动量产生的磁矩会与外磁场相互作用而产生附加能量，从而引起谱线分裂现象。当外加磁场较强时，自旋与轨道角动量的相互作用可以忽略，这时谱线的分裂称为简单塞曼效应；而当外磁场较弱时，自旋与轨道的相互作用不能忽略，则称为复杂塞曼效应。

现假设外加磁场较强，取磁场方向为 e_z 方向，$\vec{B}=B_0e_z$，则自旋磁矩 $\vec{M}_s$ 与轨道磁矩 $\vec{M}_L$ 在磁场中产生的势能是

$$U=-(\vec{M}_L+\vec{M}_s)\cdot\vec{B}=\frac{e}{2m_e}\hat{L}\cdot\vec{B}+\frac{e}{m_e}\hat{S}\cdot\vec{B}=\frac{eB_0}{2m_e}(\hat{L}_z+2\hat{S}_z) \tag{8.8}$$

系统的哈密顿量为

$$\hat{H}=\hat{H}_0+\frac{eB_0}{2m_e}(\hat{L}_z+2\hat{S}_z) \tag{8.9}$$

其中 $\hat{H}_0$ 是没有外磁场，只有原子库仑场时的哈密顿量，已经知道其能量本征值为 E_{nl}，本征函数为 ψ_{nlm}。考虑到 ψ_{nlm} 也是 $\hat{L}_z$ 的本征函数，相应的本征值为 $m\hbar$。同时，$\hat{S}_z$ 只有 $\pm\frac{\hbar}{2}$ 两个取值。

所以 $\hat{H}$ 的本征值就是

$$E_{nlm}=E_{nl}+\frac{e\hbar B_0}{2m_e}(m\pm1) \tag{8.10}$$

式(8.10)表明，原与 m 无关的能级 E_{nl} 产生了分裂，简并现象消除，能量与3个量子数都有关系。同时由于自旋的影响，由 nlm 确定的每个能级又分裂为间隔相等的两个。例如，$n=1$ 时，$l=0,m=0$ 的基态能级就分裂为两个；$n=2$ 时，$l=0,1,m=0,1,-1$ 的两个能级就分裂为8个，但其中有两个分裂后的能级相同，也就是 $(m-1)|_{m=1}=(m+1)|_{m=-1}$ 时重合，实际上有7个能级。

8.3 全同粒子

固有属性完全相同的微观粒子称为全同粒子。在经典物理学中，由于粒子有确定的位置

与速度,都有各自的运动轨道,因此全同粒子是可分辨的。与经典物理不同的是,根据全同性原理假设,全同粒子是不可区分的,这种不可区分的根源是波粒二象性。全同性原理表明,在体系中任意交换两个全同粒子,不会出现任何可以观察的物理效应,也就是说体系的物理状态不会因为两个全同粒子的交换而改变。

8.3.1　交换对称性

定义交换算符 $\hat{M}(x,y)$,其作用是将任意函数的两个变量 x,y 进行交换:

$$\hat{M}\phi(x,y) = \phi(y,x) \tag{8.11}$$

显然有

$$\hat{M}^2\phi(x,y) = \phi(x,y) \tag{8.12}$$

因此 $\hat{M}$ 的本征值是 ±1。本征值为 1 时,其本征函数要求满足 $\phi(x,y)=\phi(y,x)$,称为交换对称函数,因此所有具有交换对称性的函数是 $\hat{M}$ 本征值为 1 的本征函数;本征值为 -1 时,其本征函数要求满足 $\phi(x,y)=-\phi(y,x)$,称为交换反对称函数,因此所有具有交换反对称性的函数是 $\hat{M}$ 本征值为 -1 的本征函数。

设由 N 个全同粒子构成的系统波函数为 $\psi(q_1,q_2,\cdots,q_i,\cdots,q_j,\cdots,q_N,t)$,$q_i$ 表示第 i 个粒子的坐标与自旋变量,则在交换第 i 个粒子和第 j 个粒子之后的波函数 $\psi(q_1,q_2,\cdots,q_j,\cdots,q_i,\cdots,q_N,t)$ 与交换之前的波函数描写的状态是相同的,因此两个波函数只差一个常数,设为 λ,则有

$$\psi(q_1,q_2,\cdots,q_i,\cdots,q_j,\cdots,q_N,t) = \lambda\psi(q_1,q_2,\cdots,q_j,\cdots,q_i,\cdots,q_N,t)$$

再交换一次,也有

$$\psi(q_1,q_2,\cdots,q_j,\cdots,q_i,\cdots,q_N,t) = \lambda\psi(q_1,q_2,\cdots,q_i,\cdots,q_j,\cdots,q_N,t)$$

因此连续交换两次后,波函数应当回到原来的形式

$$\psi(q_1,q_2,\cdots,q_i,\cdots,q_j,\cdots,q_N,t) = \lambda^2\psi(q_1,q_2,\cdots,q_i,\cdots,q_j,\cdots,q_N,t)$$

由此得到 $\lambda = \pm1$。当 $\lambda = 1$ 时,有

$$\psi(q_1,q_2,\cdots,q_i,\cdots,q_j,\cdots,q_N,t) = \psi(q_1,q_2,\cdots,q_j,\cdots,q_i,\cdots,q_N,t)$$

也就是波函数 ψ 在两个粒子交换后不变,ψ 具有交换对称性。

当 $\lambda = -1$ 时,有

$$\psi(q_1,q_2,\cdots,q_i,\cdots,q_j,\cdots,q_N,t) = -\psi(q_1,q_2,\cdots,q_j,\cdots,q_i,\cdots,q_N,t)$$

也就是波函数 ψ 在两个粒子交换后变号,ψ 具有交换反对称性。

由 N 个全同粒子构成的体系的哈密顿量为

$$\hat{H}(q_1,q_2,\cdots,q_i,\cdots,q_j,\cdots,q_N,t) = \sum_{i=1}^{N}\left[-\frac{\hbar^2}{2m}\Delta_i + V(q_i,t)\right] + \sum_{i<j}^{N} U(q_i,q_j)$$

式中右边第二项是各粒子相互作用能的总和。显然有

$$\hat{M}\hat{H}(q_1,q_2,\cdots,q_i,\cdots,q_j,\cdots,q_N,t) = \hat{H}(q_1,q_2,\cdots,q_i,\cdots,q_j,\cdots,q_N,t)$$

也就是体系的哈密顿量是交换算符本征值为 1 的本征函数,具有交换对称性,因此有

$$[\hat{M},\hat{H}] = 0 \tag{8.13}$$

这表明,交换算符 $\hat{M}$ 是守恒量,不随时间变化。因此由全同粒子构成的体系中,体系波函数是交换对称函数或交换反对称函数,且这种对称性不随时间而改变。

既然波函数分为交换对称与交换反对称,那什么时候是对称,什么时候是反对称呢? 理论与实验证明,服从费米-狄拉克分布、具有自旋为 $\frac{\hbar}{2}$ 奇数倍的费米子构成的全同粒子系统,其波函数交换反对称,如电子、质子、中子等粒子;而服从玻色-爱因斯坦分布、自旋为 $\frac{\hbar}{2}$ 偶数倍或 0 的玻色子构成的全同粒子体系波函数交换对称,如光子、基态氦原子、α 粒子等。

8.3.2 泡利原理

现考虑最简单的情形,由两个没有相互作用的全同粒子组成的系统,其哈密顿量为

$$\hat{H} = \hat{H}_1(q_1) + \hat{H}_2(q_2) \tag{8.14}$$

其中下标 1,2 分别表示第一个粒子和第二个粒子。由于是全同粒子,在同一体系中,$\hat{H}_1$,$\hat{H}_2$ 形式相同,只是作用对象不同,相应的本征值与本征函数都相同。设本征值为 ε_i,归一化本征函数为 ϕ_i,则 $\hat{H}_1$,$\hat{H}_2$ 的本征方程分别是

$$\hat{H}_1\phi_i(q_1) = \varepsilon_i\phi_i(q_1)$$
$$\hat{H}_2\phi_i(q_2) = \varepsilon_i\phi_i(q_2)$$

若体系中两个粒子分别处于 ϕ_i 态与 ϕ_j 态,则此时体系的能量为 $E = \varepsilon_i + \varepsilon_j$。设相应的波函数为 $\psi(q_1,q_2) = \phi_i(q_1)\phi_j(q_2)$,则 $\psi(q_1,q_2)$ 是 $\hat{H}$ 的本征函数,本征值就是 $E = \varepsilon_i + \varepsilon_j$:

$$\hat{H}\psi(q_1,q_2) = \left[\hat{H}_1(q_1)\phi_i(q_1)\right]\phi_j(q_2) + \phi_i(q_1)\left[\hat{H}_2(q_2)\phi_j(q_2)\right] = (\varepsilon_i + \varepsilon_j)\psi(q_1,q_2)$$

若体系中两个粒子分别处于 ϕ_j 态与 ϕ_i 态,则此时体系能量仍为 $\varepsilon_i + \varepsilon_j$,本征波函数为 $\psi(q_2,q_1) = \phi_j(q_1)\phi_i(q_2)$。但 $\psi(q_1,q_2)$ 与 $\psi(q_2,q_1)$ 也可以看成两个粒子互相交换的结果,因此 $\varepsilon_i + \varepsilon_j$ 是简并的,这种简并称为交换简并。

既然体系由两个全同粒子组成,则其波函数应当满足对称性要求。当粒子处于同一个状态时,$i = j$,波函数 $\psi(q_1,q_2) = \phi_i(q_1)\phi_i(q_2) = \psi(q_2,q_1)$,是对称波函数;当 $i \neq j$ 时,则 $\psi(q_1,q_2)$ 没有交换对称性,因此不能作为系统波函数,但可以用它构成对称函数 ψ_s 或反对称函数 ψ_a,即

$$\psi_s(q_1,q_2) = \psi(q_1,q_2) + \psi(q_2,q_1) \tag{8.15}$$
$$\psi_a(q_1,q_2) = \psi(q_1,q_2) - \psi(q_2,q_1) \tag{8.16}$$

利用 $\psi(q_1,q_2)$ 与 $\psi(q_2,q_1)$ 的归一化,ψ_s 与 ψ_a 的归一化形式是

$$\psi_s(q_1,q_2) = \frac{1}{\sqrt{2}}\psi(q_1,q_2) + \frac{1}{\sqrt{2}}\psi(q_2,q_1) \tag{8.17}$$

$$\psi_a(q_1,q_2) = \frac{1}{\sqrt{2}}\psi(q_1,q_2) - \frac{1}{\sqrt{2}}\psi(q_2,q_1) \tag{8.18}$$

由于 $\psi(q_1,q_2)$ 与 $\psi(q_2,q_1)$ 都是 $\hat{H}$ 本征值为 $\varepsilon_i + \varepsilon_j$ 的本征函数,因此 ψ_s 与 ψ_a 也是 $\hat{H}$ 的本征值为 $\varepsilon_i + \varepsilon_j$ 的本征函数。如前所述,玻色子的波函数要求是交换对称函数,因此两个玻色

子构成的系统的波函数形式是 ψ_s；$i=j$ 时，玻色子系统波函数是 $\phi_i(q_1)\phi_i(q_2)$。另一方面，费米子的波函数必须反对称，所以费米子构成的体系的波函数只能取 ψ_a 形式。当 $i=j$ 时，$\psi_a=0$，说明两个费米子在同一系统中不能处于相同状态，或者说处于同一状态的概率为 0。同一系统中的两个费米子不会出现在同一状态，这个原理称为泡利原理。

以上对二粒子体系讨论的结果可以推广至由 N 个没有相互作用的全同粒子构成的体系中。设单粒子的哈密顿算符为 $\hat{H}_0$，且不显含时间，相应的本征值和本征函数用 ε_i 和 ϕ_i 表示，并用 $\hat{H}_0(q_i)$ 表示作用于第 i 个粒子的哈密顿量。体系总的哈密顿量 $\hat{H}$ 为

$$\hat{H} = \sum_{i=1}^{N} \hat{H}_0(q_i)$$

设体系波函数为 $\psi(q_1,q_2,\cdots,q_N)$，则方程 $\hat{H}\psi=E\psi$ 的解为

$$E = \varepsilon_i + \varepsilon_j + \cdots + \varepsilon_l \tag{8.19}$$

$$\psi(q_1,q_2,\cdots,q_N) = \phi_i(q_1)\phi_j(q_2)\cdots\phi_l(q_N) \tag{8.20}$$

如果这 N 个粒子是费米子，则波函数要求交换对称。类似二粒子体系，对称波函数可以由式（8.21）给出：

$$\psi_s(q_1,q_2,\cdots,q_N) = c \sum_P P\phi_i(q_1)\phi_j(q_2)\cdots\phi_l(q_N) \tag{8.21}$$

式中 c 是归一化系数，P 表示 N 个粒子各个波函数的一种可能排列，对所有可能的排列求和就得到对称波函数。

如果 N 个粒子是玻色子，波函数要求交换反对称，则可由斯莱特行列式构成：

$$\psi_a(q_1,q_2,\cdots,q_N) = \frac{1}{\sqrt{N!}}\begin{bmatrix} \phi_i(q_1) & \phi_i(q_2) & \cdots & \phi_i(q_N) \\ \phi_j(q_1) & \phi_j(q_2) & \cdots & \phi_j(q_N) \\ \vdots & \vdots & & \vdots \\ \phi_l(q_1) & \phi_l(q_2) & \cdots & \phi_l(q_N) \end{bmatrix} \tag{8.22}$$

式中任何两个粒子互换就相当于行列式中的两列相互调换而变号，从而使波函数反对称；如果有两个粒子的状态相同，则 $\psi_a=0$，正是泡利原理的结果。

在很多情形下，体系波函数采用不同变量函数积的形式来表示，如氢原子波函数、无相互作用的双粒子系统。特别地，当考虑到自旋时，N 粒子体系的波函数可以写成以坐标为自变量的波函数与自旋波函数的乘积：

$$\psi(q_1,q_2,\cdots,q_N) = \psi((\vec{r}_1,s_1),(\vec{r}_2,s_2),\cdots,(\vec{r}_n,s_n)) = \Phi(\vec{r}_1,\vec{r}_2,\cdots,\vec{r}_N)\chi(s_1,s_2,\cdots,s_N)$$

这样，$\psi(q_1,q_2,\cdots,q_N)$ 的交换对称性可由 $\Phi(\vec{r}_1,\vec{r}_2,\cdots,\vec{r}_N)$ 和 $\chi(s_1,s_2,\cdots,s_N)$ 的交换对称性确定。如果 $\Phi(\vec{r}_1,\vec{r}_2,\cdots,\vec{r}_N)$ 具有对称性，而 $\chi(s_1,s_2,\cdots,s_N)$ 也交换对称，或 $\Phi(\vec{r}_1,\vec{r}_2,\cdots,\vec{r}_N)$ 反对称，$\chi(s_1,s_2,\cdots,s_N)$ 也反对称，则二者的乘积对称；若 $\Phi(\vec{r}_1,\vec{r}_2,\cdots,\vec{r}_N)$ 反对称，$\chi(s_1,s_2,\cdots,s_N)$ 对称；或 $\Phi(\vec{r}_1,\vec{r}_2,\cdots,\vec{r}_N)$ 对称，$\chi(s_1,s_2,\cdots,s_N)$ 反对称，则 $\Phi(\vec{r}_1,\vec{r}_2,\cdots,\vec{r}_N)$ 就反对称。

[**例 8.4**]　体系由 3 个全同粒子构成，分别处于 ϕ_i,ϕ_j,ϕ_l 态，试讨论体系的波函数形式。

解：3 个粒子分别用 q_1,q_2 和 q_3 来表示。当粒子是玻色子，若 $i\neq j\neq l$，粒子所处状态不同，则 3 个粒子的不同状态共有 6 种不同的排列方式，它们是

$$\phi_i(q_1)\phi_j(q_2)\phi_l(q_3)、\phi_i(q_1)\phi_l(q_2)\phi_j(q_3)、\phi_j(q_1)\phi_i(q_2)\phi_l(q_3)$$

$$\phi_j(q_1)\phi_l(q_2)\phi_i(q_3) \ \text{、}\ \phi_l(q_1)\phi_i(q_2)\phi_j(q_3) \ \text{、}\ \phi_l(q_1)\phi_j(q_2)\phi_i(q_3)$$

则体系的交换对称波函数可表示为

$$\psi_s(q_1,q_2,q_3) = \frac{1}{\sqrt{6}}[\phi_i(q_1)\phi_j(q_2)\phi_l(q_3) + \phi_i(q_1)\phi_l(q_2)\phi_j(q_3) + \cdots + \phi_l(q_1)\phi_j(q_2)\phi_i(q_3)]$$

若 $i=j=l$，则仅有一种排列方式 $\phi_i(q_1)\phi_i(q_2)\phi_i(q_3)$，因此体系的交换波函数是

$$\psi_s(q_1,q_2,q_3) = \phi_i(q_1)\phi_i(q_2)\phi_i(q_3)$$

若仅有两个状态相同，设 $i=j\neq l$，则共有 3 种不重复的排列方式，它们是

$$\phi_i(q_1)\phi_i(q_2)\phi_l(q_3) \ \text{、}\ \phi_i(q_1)\phi_l(q_2)\phi_i(q_3) \ \text{、}\ \phi_l(q_1)\phi_i(q_2)\phi_i(q_3)$$

因此相应的对称波函数是

$$\psi_s(q_1,q_2,q_3) = \frac{1}{\sqrt{3}}[\phi_i(q_1)\phi_i(q_2)\phi_l(q_3) + \phi_i(q_1)\phi_l(q_2)\phi_i(q_3) + \phi_l(q_1)\phi_i(q_2)\phi_i(q_3)]$$

类似地可以写出 $i\neq j=l$ 及 $j\neq i=l$ 时的对称波函数。当粒子是费米子时，3 个粒子状态互不相同，根据斯莱特行列式，交换反对称波函数表示为

$$\psi_a(q_1,q_2,q_3) = \frac{1}{\sqrt{3!}}\begin{vmatrix} \phi_i(q_1) & \phi_i(q_2) & \phi_i(q_3) \\ \phi_j(q_1) & \phi_j(q_2) & \phi_j(q_3) \\ \phi_l(q_1) & \phi_l(q_2) & \phi_l(q_3) \end{vmatrix}$$

[**例** 8.5]　求两个无相互作用电子的自旋波函数。

解：设单电子自旋函数为 $\chi_\alpha(s_z)$，$\alpha = \pm\frac{1}{2}$，分别表示自旋的两个取向，s_z 分别表示两个电子自旋的 e_z 方向分量，体系的总自旋算符为 $\hat{S} = \hat{S}_1 + \hat{S}_2$，$\hat{S}_z = \hat{S}_{z1} + \hat{S}_{z2}$。用 $\chi(s_{z1},s_{z2})$ 表示两个电子波函数的积：

$$\chi(s_{z1},s_{z2}) = \chi_{\alpha_1}(s_{z1})\chi_{\alpha_2}(s_{z2})$$

由此在 $(\hat{S}^2,\hat{S}_z)$ 表象中，可得到二电子的对称及反对称波函数：

$$\chi_s^1 = \chi_{\frac{1}{2}}(s_{z1})\chi_{\frac{1}{2}}(s_{z2})$$

$$\chi_s^2 = \chi_{-\frac{1}{2}}(s_{z1})\chi_{-\frac{1}{2}}(s_{z2})$$

$$\chi_s^3 = \frac{1}{\sqrt{2}}[\chi_{\frac{1}{2}}(s_{z1})\chi_{-\frac{1}{2}}(s_{z2}) + \chi_{-\frac{1}{2}}(s_{z1})\chi_{\frac{1}{2}}(s_{z2})]$$

$$\chi_a = \frac{1}{\sqrt{2}}[\chi_{\frac{1}{2}}(s_{z1})\chi_{-\frac{1}{2}}(s_{z2}) - \chi_{-\frac{1}{2}}(s_{z1})\chi_{\frac{1}{2}}(s_{z2})]$$

容易验证，这 3 个对称波函数与最后一个反对称波函数是 $\hat{S}^2$ 的本征函数，本征值分别是

$$2\hbar^2 = 1\times(1+1)\hbar^2$$
$$2\hbar^2 = 1\times(1+1)\hbar^2$$
$$2\hbar^2 = 1\times(1+1)\hbar^2$$
$$0 = 0\times(0+1)\hbar^2$$

它们也是总自旋算符在 e_z 方向的分量算符 $\hat{S}_z$ 的本征函数，本征值分别为 $\hbar$，$-\hbar$，0 及 0。因此 3 个对称波函数及一个反对称波函数有时也用两个电子的总自旋量子数和投影量子数来表示，记为 $|1,1>$、$|1,-1>$、$|1,0>$ 及 $|0,0>$。具体来说，χ_s^1 态中，二电子在 e_z 上的投影分量

均为 $\frac{\hbar}{2}$，总自旋的平方为 $2\hbar^2$，总自旋量子数为 1，两个电子的自旋同向平行。χ_s^2 态中，二电子在 e_z 上的投影分量均为 $-\frac{\hbar}{2}$，总自旋的平方为 $2\hbar^2$，总自旋量子数为 1，两个电子的自旋也是同向平行。χ_s^3 态中，二电子在 e_z 上的投影分量反向，一个为 $\frac{\hbar}{2}$，另一个为 $-\frac{\hbar}{2}$，总自旋的平方为 $2\hbar^2$，总自旋量子数为 1，两个电子的自旋在 e_z 垂直方向上同向平行。χ_a 态中，二电子在 e_z 上的投影分量反向，一个为 $\frac{\hbar}{2}$，另一个为 $-\frac{\hbar}{2}$，总自旋的平方为 0，总自旋量子数为 0，两个电子的自旋反向平行。这 4 种自旋中有 3 个是平行态，称为自旋平行三重态；另一种是反平行态，称为自旋反平行单态，其示意图如图 8.1 所示。

图 8.1 自旋平行三重态与反平行单态

[例 8.6] 两电子在宽度为 a 的一维无限深势阱中运动，电子之间的相互作用忽略不计，求两电子体系的基态及第一激发态波函数。

解：不考虑自旋时，电子在一维无限深势阱中的波函数是 $\phi_n(x) = \sqrt{\frac{2}{a}}\sin\frac{n\pi}{a}x$；两个电子的坐标函数可表示为

$$\Phi_{nm}(x_1, x_2) = \phi_n(x_1)\phi_m(x_2) = \frac{2}{a}\sin\frac{n\pi}{a}x_1\sin\frac{m\pi}{a}x_2$$

此时体系的基态波函数是 $\Phi_{11}(x_1, x_2)$，第一激发态波函数为 $\Phi_{12}(x_1, x_2)$ 与 $\Phi_{21}(x_1, x_2)$。

当考虑到电子属于费米子时，二电子体系的波函数要求交换反对称，Φ_{11} 是对称的，Φ_{12} 或 Φ_{21} 都不具有对称性或反对称性，但可由它们构成对称函数和反对称函数：

$$\Phi_s(x_1, x_2) = \frac{1}{\sqrt{2}}(\Phi_{12} + \Phi_{21})$$

$$\Phi_a(x_1, x_2) = \frac{1}{\sqrt{2}}(\Phi_{12} - \Phi_{21})$$

因此在不考虑自旋时，两个电子在一维无限深势阱中的波函数就是 $\Phi_a(x_1, x_2)$，两个电子不可能同时处于基态。当考虑自旋时，体系的波函数可以由坐标函数与自旋函数的乘积得到：

$$\psi(x_1, s_1, x_2, s_2) = \Phi(x_1, x_2)\chi(s_1, s_2)$$

两电子体系的波函数要求反对称，因此若 $\Phi(x_1, x_2)$ 是对称的，则要求 $\chi(s_1, s_2)$ 反对称；若 $\Phi(x_1, x_2)$ 是反对称的，则要求 $\chi(s_1, s_2)$ 对称。这样，体系处于基态时的波函数就是 Φ_{11} 乘以自旋反平行单态 χ_a，具体为

$$\psi_1(x_1, s_1, x_2, s_2) = \Phi_{11}(x_1, x_2)\chi_a$$

体系处于第一激发态时，由反对称坐标函数 Φ_a 与 3 个自旋平行态构成反对称波函数，再由对称坐标函数 Φ_a 与自旋反平行单态构成另外第四个反对称波函数，它们是

$$\Phi_a(x_1, x_2)\chi_s^1$$

$$\Phi_a(x_1,x_2)\chi_s^2$$
$$\Phi_a(x_1,x_2)\chi_s^3$$
$$\Phi_s(x_1,x_2)\chi_a$$

可以看到,第一激发态有 4 个不同的波函数,因此是 4 度简并。

习　题

8.1　设电子处于态 $\chi=\dfrac{1}{\sqrt{2}}\begin{bmatrix}1\\1\end{bmatrix}$,求 $\hat{S}_x$ 与 $\hat{S}_y$ 的不确定关系 $(\Delta\hat{S}_x)^2\cdot(\Delta\hat{S}_y)^2$。

8.2　证明泡利算符的 3 个分量之间满足反对易关系。

8.3　设两电子作一维谐振运动,不考虑相互作用,求体系的基态及第一激发态的波函数。

参考文献

［1］周世勋. 量子力学教程［M］. 2 版. 北京:高等教育出版社,2013.

［2］苏汝铿. 量子力学［M］. 3 版. 北京:高等教育出版社,2015.

［3］H Clark. A first course in quantum mechanics,Van Nostrand Reinhold Company Ltd. ,1982.

［4］R Shankar. Principles of quantum mechanics(second edition),Springer,1994.

［5］曾谨言. 量子力学(卷Ⅰ)［M］. 3 版. 北京:科学出版社,2004.

［6］L D Landau,E M Lifshitz. Quantum Mechanics(Non-relativistic Theory)(third edition),Elsevier(Singapore) Pte. Ltd. 2007.

［7］P A M Dirac . The principles of Quantum Mechanics(4th edition). 北京:科学出版社,2008.

［8］宋鹤山. 量子力学典型题精讲［M］. 2 版. 大连:大连理工大学出版社,2006.

［9］钱伯初,曾谨言. 量子力学习题精选与剖析(上册)［M］. 2 版. 北京:科学出版社,2006.